短视频其实很简单

策划、布景、拍摄、剪辑全流程指南

六六 编著

SHORT VIDEO IS ACTUALLY VERY SIMPLE

人民邮电出版社
北京

图书在版编目（CIP）数据

短视频其实很简单 ： 策划、布景、拍摄、剪辑全流程指南 / 六六编著. -- 北京 ： 人民邮电出版社，2022.5（2023.9重印）
ISBN 978-7-115-58411-3

Ⅰ. ①短… Ⅱ. ①六… Ⅲ. ①视频制作 Ⅳ. ①TN948.4

中国版本图书馆CIP数据核字(2022)第035544号

内 容 提 要

进入 5G 时代，越来越多的人开始拍摄短视频，人们对短视频的质量要求也越来越高，如何打造高质量的短视频是每个创作者都在思考的问题。

本书内容覆盖短视频策划、布景、拍摄和剪辑全流程：首先讲解短视频拍摄前的策划构思、器材挑选、脚本准备等；然后讲解拍摄不同类型短视频的场景布置、拍摄技巧和录音技巧等，让读者熟悉不同类型短视频的特点；接着讲解短视频的后期制作，从剪辑思路、调色到添加字幕、音频，再到导出视频，覆盖后期的各个环节；最后讲解在预算有限的情况下如何拍出好的视频，“废片”如何利用等。

本书结构清晰、语言简洁，特别适合短视频创作者、Vlog 拍摄者、摄影爱好者、自媒体工作者，以及想进入短视频领域的读者阅读。

◆ 编　　著　六　六
　责任编辑　张丹阳
　责任印制　马振武
◆ 人民邮电出版社出版发行　　北京市丰台区成寿寺路 11 号
　邮编　100164　　电子邮件　315@ptpress.com.cn
　网址　https://www.ptpress.com.cn
　北京九州迅驰传媒文化有限公司印刷
◆ 开本：690×970　1/16
　印张：16.25　　　　2022 年 5 月第 1 版
　字数：266 千字　　　2023 年 9 月北京第 6 次印刷

定价：89.90 元

读者服务热线：(010)81055410　印装质量热线：(010)81055316
反盗版热线：(010)81055315
广告经营许可证：京东市监广登字 20170147 号

PREFACE

前言

我好像是个闲不住的人，没有工作的时候也总想创造些什么。平时作为摄影师，我每个月都会进行一次小创作，几个月进行一次大创作。作为短视频导演，我也会尽量保持持续更新的状态。

曾经有人在我的朋友圈留言，说我是个有情怀的人，我不禁想，“情怀”是什么呢？或许他想称赞我对摄影或者视频创作可以一直保持热情，或许他觉得我的精神世界一直在自我满足。但我觉得，如果一个人内心十分丰富，有喜欢的东西、想尝试的风格、向往的状态，不如多一点行动、多一点耐心，去把脑海里浮现的画面转换成真实的、人人可见的作品。这不仅是一份作品，更是创作者内心情感的抒发，是把简单的语言表达转换成更艺术、更具象的形式。简而言之，你的作品是你和世界对话、和自己对话的渠道。

还曾有人留言问我：“你不用上班吗？怎么有这么多时间搞创作？”我想，正是因为有动力去创作这些内容，有执行力去拍出这些内容，才有机会让你们看到我，并提出这样的疑问吧。

当然，班还是要上的。

六六

2022 年 3 月

资源与支持

本书由“数艺设”出品，“数艺设”社区平台（www.shuyishe.com）为您提供后续服务。

配套资源
案例的视频素材和滤镜模板。

教师专享
配套教学 PPT 课件。

资源获取请扫码

“数艺设”社区平台，为艺术设计从业者提供专业的教育产品。

与我们联系

我们的联系邮箱是 szys@ptpress.com.cn。如果您对本书有任何疑问或建议，请您发邮件给我们，并请在邮件标题中注明本书书名及 ISBN，以便我们更高效地做出反馈。

如果您有兴趣出版图书、录制教学课程，或者参与技术审校等工作，可以发邮件给我们。如果学校、培训机构或企业想批量购买本书或“数艺设”出版的其他图书，也可以发邮件联系我们。

如果您在网上发现针对“数艺设”出品图书的各种形式的盗版行为，包括对图书全部或部分内容的非授权传播，请您将怀疑有侵权行为的链接通过邮件发给我们。您的这一举动是对作者权益的保护，也是我们持续为您提供有价值的内容的动力之源。

关于“数艺设”

人民邮电出版社有限公司旗下品牌“数艺设”，专注于专业艺术设计类图书出版，为艺术设计从业者提供专业的图书、视频电子书、课程等教育产品。出版领域涉及平面、三维、影视、摄影与后期等数字艺术门类，字体设计、品牌设计、色彩设计等设计理论与应用门类，UI 设计、电商设计、新媒体设计、游戏设计、交互设计、原型设计等互联网设计门类，环艺设计手绘、插画设计手绘、工业设计手绘等设计手绘门类。更多服务请访问“数艺设”社区平台 www.shuyishe.com。我们将提供及时、准确、专业的学习服务。

CONTENTS

第一章 短视频的崛起

本章思维导图

短视频的崛起

1. 短视频与长视频的区别
2. 零基础也可以拍短视频
3. 拍摄短视频的准备工作
   - 人员配备
   - 器材准备
4. 一个好的短视频的必备因素

1.1 短视频与长视频的区别

在互联网高速发展的背景下，人们的生活愈发便利，休闲娱乐的方式也越来越多。以前需要专业的设备和能力才能制作出的视觉效果，现在也降低了门槛，变得人人皆可制作。在前几年的摄影热潮过后，这几年又迎来了短视频热潮。

前几年，我们还觉得视频是专业影视人员才能做的，现在，似乎我们也可以制作出专业的视频作品了。根据时间的长短，可以把视频作品分为短视频和长视频。

短视频的历史可以追溯到影视行业中的几个特别的种类：广告、预告片、MV，在此基础上又衍生了适合打发时间的段子、情景剧类短视频。在信息爆炸的时代，短平快的信息似乎更方便用户利用碎片化时间获取，而长视频则需要大家抽出时间，静下心来仔细品味。

短视频和长视频的对比如下。

短视频：短平快，内容碎片化、印象化，无法全面地展现事物的本质，但是可以传播一些简单的、局部的信息；可以用来拓宽信息面；内容生产成本相对较低，需要的人员较少（很多时候可以独立完成），对生产工具的要求较低（用手机就可以制作）；在消费人群、消费场景、消费意愿、消费总时长等方面的表现都优于长视频。

长视频：内容有深度且具体，作者需要对内容进行深度的加工和设计，这需要作者对内容有理性的思考和认识；可以促使人们对感兴趣的领域深入理解，增加认识的深度；内容生产成本相对较高，需要的人员较多（需要各个职位互相配合），对生产工具的要求高（专业的设备及配件）；对消费场景与时间的要求相对较高，在感染力、共情度方面的表现优于短视频。

综上所述，短视频和长视频的优点和缺点其实是相对的，这是时代发展的产物，无关好坏。我们可以选择的是在进行此类创作的时候尽量优化内容产出，制作出有特点、值得称赞的短视频。

那么该如何拍出一个短视频呢？

1.2 零基础也可以拍短视频

提问环节　**短视频的拍摄是否有一些专业方面的要求呢？没有基础的人是否可以进行短视频创作呢？**

回答这两个问题之前，需要先搞清楚想拍的短视频的内容和风格。拍摄不同风格和内容的短视频需要用到不同的技巧和拍摄方式。例如，拍摄纪实类短视频，需要抓住和放大能使用户共情的点，如图 1-1 所示。拍摄文艺类短视频则需要对场景画面进行把控，如图 1-2 所示。拍摄快剪类的短视频需要有技巧地运镜和把握剪辑节奏。拍摄段子类短视频需要创作者有与生俱来的幽默感。我们可以先了解自己的喜好与专长，再有选择地学习一些短视频制作技巧。

图 1-1
纪实类短视频截图

图 1-2
文艺类短视频截图

图 1-3 所示为拍摄现场的照片。

图 1-3 拍摄现场

回到刚开始的问题。

拍短视频有专业要求吗？有。拍摄的短视频的风格不同，对专业的要求也不同，而且这些专业要求是可以通过后期学习来达到的。例如，纪实类短视频应注意拍出让人共情的镜头，快剪类短视频应掌握好运镜的技巧等。

没有基础的人是否也可以进行短视频创作呢？可以。我们可以不是科班出身，可以没有相关项目经验，只要用心去把握拍摄的内容，学习一些特定的技巧，就能够制作出不错的短视频。

除此之外，还有一项提升技能的技巧——加大阅片量。加大阅片量是为了拓展我们的眼界，发散我们的思维。灵感不是待在屋子里就会出现的，一定要走出去感受世界才能激发灵感。有了一定的阅片量作为基础，在策划拍摄方案的时候就能手到擒来，在拍摄遇到问题的时候就能快速想到解决方案。阅片量是拍摄技巧的基础，倘若没有这个基础，掌握再好的拍摄技巧也只是个优秀的执行者，而我们更希望成为短视频的导演，掌握片子的整体走向。

1.3 拍摄短视频的准备工作

构思好内容，我们就可以开始做拍摄短视频的准备工作了。

1.3.1 人员配备

拍摄短视频的人员配备比较灵活，人多就多用，人少就少用。

1. 剧组基础配备三件套

要拍摄一条基础的短视频，一般应配备以下人员：导演、摄影师、后期剪辑人员。有条件的剧组还可以增加灯光、美术、制片等人员。如果涉及同期声，还需要配备收音人员。

导演永远是一个剧组的核心，他是作品的组织者和领导者，通过镜头与演员表达自己的思想。导演的任务就是组织和统筹剧组内所有的幕后与幕前人员，使众人的创造性以最好的状态呈现。一部影视作品的质量很大程度上取决于导演个人的素质与修养，一部影视作品的风格往往也体现了导演个人的艺术风格和性格，更体现了导演看待事物的价值观，短视频创作也是如此。

有一种技能叫作导演思维。这种技能可以体现在除导演外的其他职位上，如摄影师、后期剪辑人员。摄影师如果拥有导演思维，那么他不仅可以高效地进行拍摄，还可以更好地运用各种运镜方式。后期剪辑人员如果拥有导演思维，他就可以在原有的素材上进行二次创作，从而更好地衔接转场，制造氛围，呈现出全新的视觉效果。

2. 一个人也可以是一个团队

提问环节　如果没有从事过相关行业，没有团队，那还能创作短视频吗？

拍摄短视频最少一人就能进行。

即使条件再苛刻，只要有想法就可以进行拍摄。但在这种情况下，我们必须一人具备多项技能。

图 1-4 所示为一条自拍短视频的截图。

图 1-4　一条自拍短视频的截图

导演技能。首先要有讲故事的能力，其次要有把故事讲好的能力。

脚本（或者文案）是拍摄开始前就要准备的。开拍前需要定下拍摄内容与方向，例如是剧情向还是广告向，是 MV 风还是混剪风，然后构思并细化脚本，再安排和分配镜头。分配镜头通常在确定脚本后，该过程又称为制作分镜。

如果说一个好的导演能把故事拍好，那一个让人印象深刻的导演必须拥有自己独特的风格，不管是讲故事的方式、念台词的方式，还是镜头转换的方式，都要有让人能够记住的点。这既是导演独有的标识，也是我们在拍摄过程中需要刻意形成并强化的地方。

摄影技能。首先需要掌握摄影的基础技能，器材熟悉吗？焦点跟得上吗？运镜学会了吗？防抖效果怎么样？在解决了这些问题后，还需要掌握镜头语言。

后期剪辑技能。没有进行过后期剪辑的人可能会觉得剪辑软件太难操作，其实有个小方法，如果不熟悉 PC 端剪辑软件，可以先去熟悉手机剪辑 App，在了解了里面所有的功能与使用方法后，再回到 PC 端来学习剪辑软件。这样会减少一些基础学习的时间，帮助我们快速上手。

常用的 PC 端剪辑软件有 Premiere、Final Cut 和 DaVinci 等，这些软件的图标如图 1-5 所示。其中 Premiere 是 Adobe 公司开发的，Windows 用户用得比较多。如果会使用 Adobe 公司的另一款软件 Photoshop，那学习 Premiere 会更容易上手。Final Cut 则是苹果公司的软件，以苹果用户为主要对象。DaVinci 确切地说是一个调色软件，兼具剪辑功能。使用哪款软件进行剪辑取决于个人喜好，本书的剪辑教程会以 Premiere 为主。

图 1-5　常用的 PC 端剪辑软件

1.3.2 器材准备

提问环节　工欲善其事，必先利其器。那么“器”到底需要多“利”呢？

拍摄短视频离不开摄影器材和剪辑软件。常用的摄影器材有单反相机、微型单反相机、手机、摄像机、GoPro、DV 机等，如图 1-6 所示。

图 1-6　常用摄影器材

常用的辅助设备有相机手持云台、手机手持云台、稳定器、航拍无人机等，如图 1-7 所示，这些设备并不是必须要有的，但它们可以使拍摄的效果更好。

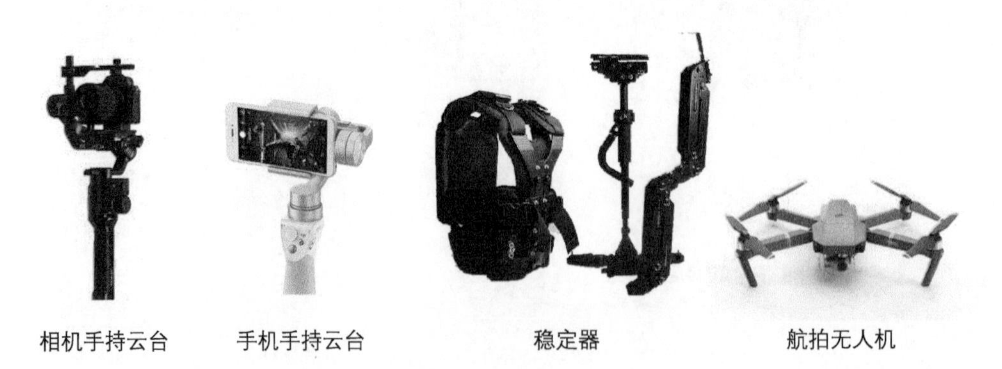

图 1-7　常用辅助设备

其他辅助设备还有收音器材、灯光器材等，如图 1-8 所示。

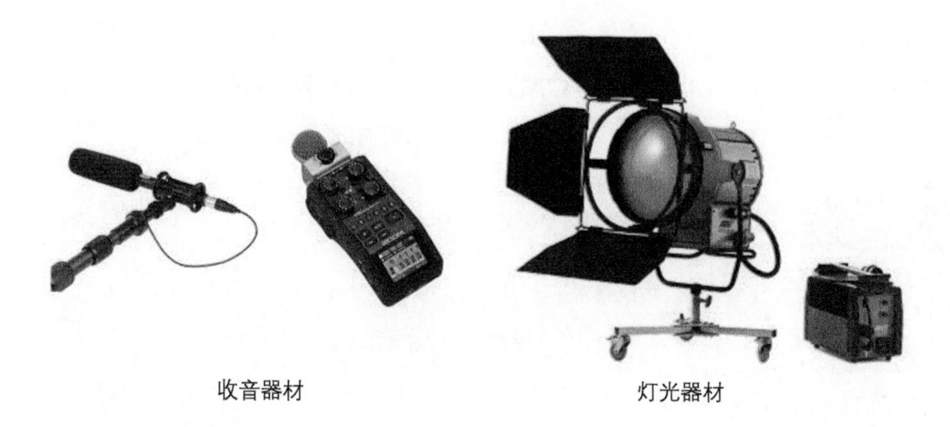

收音器材　　　　灯光器材

图 1-8 其他辅助设备

对于短视频的创作者来说，单反相机和微型单反相机是比较常用的设备。在早期的短视频创作中，佳能 5D3 可拍可摄，相对而言性价比更高，成了常见的拍摄设备。这几年，索尼微型单反相机也在短视频拍摄行业取得了非常好的口碑。其他品牌也有一些不错的微型单反相机机型，如松下 GH5、富士 XT-4、理光 GR3 等。

摄影器材只是基本装备，在拍摄的过程中经常需要移动器材，若直接移动器材，会使画面出现明显的抖动，这时就需要用到辅助设备——手持云台或稳定器了。使用手持云台或者稳定器拍摄的画面会流畅很多，配合摄影师平稳的步伐，一个优质镜头就此诞生。

无人机航拍在近几年愈加流行，无人机航拍多用在具有空间感的画面拍摄和旅拍上，但一个视频中使用无人机拍摄的画面是有限的，它起的是锦上添花的作用。需要注意的是，现在禁飞的区域很多，拍摄前需要调查拍摄地是否禁飞或者限高。

收音器材通常在需要录制环境音的时候使用，应根据需要的收音效果，选择使用不同的收音设备。

灯光器材是比较复杂的一种设备。如果想要获得出色的视觉效果，需要用到的灯光器材就会比较复杂。不容置疑的是，优秀的灯光器材会为氛围的制造提供极大的帮助。

如果以上器材都没有，还可以使用手机。现在的手机有很多功能都非常优秀，如防抖、慢动作、录音等。一些高端手机的防抖功能甚至已经超越了很多微型单反相机，再配合平稳的步伐，拍摄出的画面用肉眼几乎看不出有抖动的痕迹；手机的慢动作功能也超越了早期没有升格效果的单反相机；手机录音功能的去噪效果也比一般的相机好，虽然是单声道，但是在大多数短视频创作中也够用了。

提问环节　如果手机真的这么好，那还需要买专门的器材吗？

在资金和人力非常有限的情况下，手机是非常好用的设备，它集拍摄、录音、剪辑等功能于一体，携带方便，但究其细节，还是有很多欠缺的地方。

例如，手机的感光元件要比相机的小得多，这就决定了其接收光线的数量和质量都不如相机。感光元件是一个长方形，像素就是“画”在这个长方形上的正方形小格子，在长方形面积一定的情况下，格子画得越小，像素就越高。要是长方形面积更大，那么就能放下更多同样大小的格子。

提问环节　手机的 4K 分辨率和相机的 4K 分辨率有什么区别呢？

虽然都号称是 4K 的分辨率，但是感光元件尺寸的绝对差异导致手机和相机的单个像素质量并不相同。虽然有的手机号称有 4K 的画质与尺寸，但细观其成像质量，比起专业相机还是不够细腻、饱满。

1.4 一个好的短视频必备的因素

提问环节　什么是好视频？

是点赞、评论多的爆款视频就是好视频，还是故事完整、画面美观的视频就是好视频？或者让人产生共鸣的、有深度的视频才是好视频？要知道这个问题的答案，需要先清楚你的诉求是什么，你想拍的是什么。

内容定位。短视频的内容定位就是短视频呈现的风貌，以及短视频想要表达的内容，内容定位决定短视频题材的方向。

短视频的内容策划切忌“跟风”。要避免跟风拍摄一些火爆的、别人都在拍的、但是你并不擅长也没有任何资源积累的题材，强行拍摄是无法达到理想的效果的。

在内容选择上，最简单有效的就是选择自己最拿手、最有资源的领域，这样在后期的内容策划上才能让短视频在选题和资源上都有保障，也不会只做出一两条视频后就没有内容可挖掘了。我们应充分挖掘自己的优点与特长，弄清楚自己的定位，然后在自己擅长的领域做深、做优。

只有定位清晰、准确，才能在制作短视频时做到有的放矢，这对后续的短视频发展和推广也能起到事半功倍的作用。虽然不一定非要做通俗化的爆款，但也不必在小圈子里孤芳自赏。文艺片有文艺片的格调，商业片有商业片的卖点，找到适合自己的才最重要。

用户定位。短视频的用户定位，简单来说就是要明白自己的视频是拍给谁看的。这个“谁”包括看短视频的观众和潜在的受众群体。

内容定位和用户定位其实是相辅相成的，两者密不可分。短视频创作看似处在行业的风口，但是这个风口只对观众定位明确、内容定位清晰的短视频创作者开放。也就是说，短视频创作者一定要有清晰的思路，才能走得更长远。

一个好的短视频应从以下几点出发，做好内容定位和用户定位。

故事剧情。好的情节能让短视频更成功，能引起观众共鸣。例如哔哩哔哩发布的一段短视频《入海》，从一位刚毕业的大学生的视角讲述了初入社会的年轻人遇到的各种状况。

“脑洞”大、有反转的剧情能时刻抓住观众的注意力，例如法国微电影《调音师》，其剧情不断地反转，后续还被印度翻拍成电影。

镜头语言。为什么王家卫的电影会形成独特的风格？独特的镜头呈现方式，浓烈的色彩明暗对比，别具风格的构图，让视频中的每一帧画面都能成为一张绝佳的照片。还有姜文导演的作品，不仅表现形式独特，就连演员说台词的方式都被他“调教”得别有一番“姜味”。

音乐配合。视听合一，画面配合节奏恰当的音乐，能够让观众拥有极佳的观看体验。

美感。美感可以是清新的、优雅的、高贵的，美不仅是字面的意思，更多的是画面营造的氛围，它能够帮助导演呈现出想要表达的情感。

记忆点。记忆点可以是独特的拍摄风格、画面色彩，也可以是一个巧妙的镜头设计，它是短视频的“闪光点”，提醒观众记住这个作品。

一个好的短视频的必备因素总结起来如图 1-9 所示。

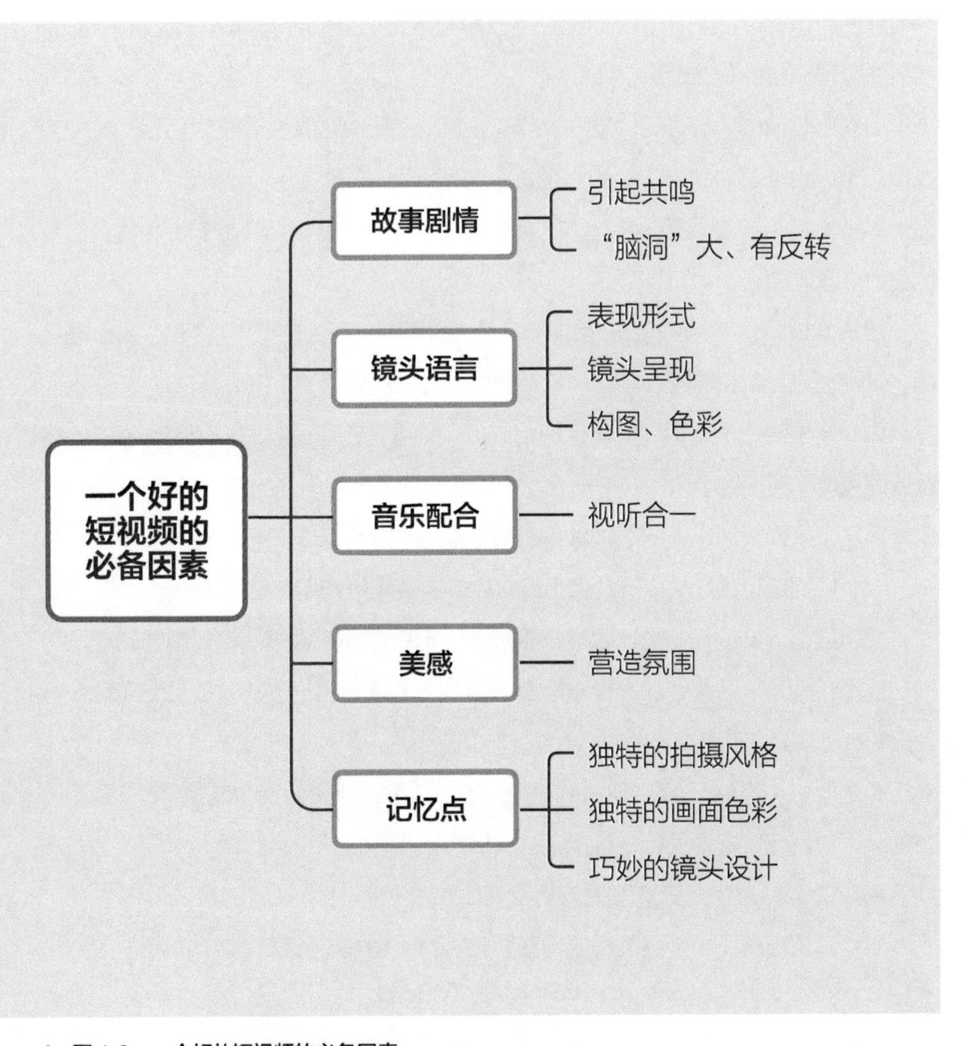

图 1-9 一个好的短视频的必备因素

“凡事预则立，不预则废”，寒冬之前要储备好粮食，上战场之前要带好枪，拍摄短视频之前一定要从以上几方面做好内容定位和用户定位。

第2章 开拍之前——需要准备什么

本章思维导图

开拍之前——需要准备什么

1. 找到自己的风格
   - 复古风格
   - 文艺风格
   - 故事风格
   - 快剪风格
2. 策划构思
   - 预算
   - 灵感来源
   - 主题与故事
   - 画面风格与美术
   - 场景选择
   - 背景音乐选择
3. 关于器材
   - 必备器材
   - 辅助器材
   - 灯光器材
   - 录音器材
4. 脚本
   - 创意——闪光点
   - 如何写一个脚本
   - 分镜的构思

2.1 找到自己的风格

很多人在开拍之前都会感到困惑：到底要拍什么样子的短视频？怎么拍？别人是怎么拍出这么好看的短视频的呢？

在短视频创作领域，可以把人物性格和创作方向互相关联，用象限进行分类，通过这种方式帮助自己快速找到喜欢且适合的风格，如图 2-1 所示。

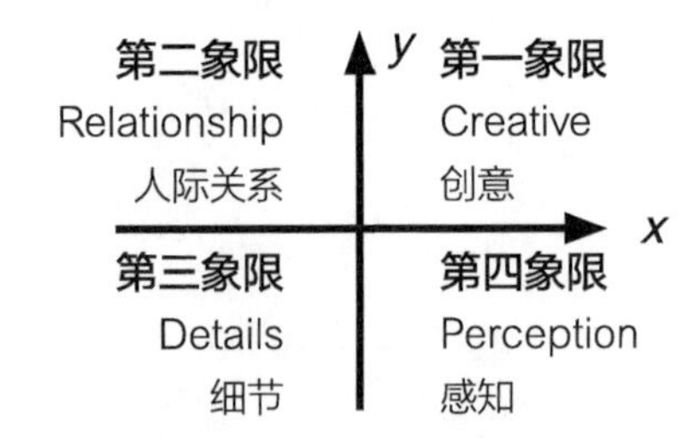

图 2-1
创作象限

第一象限：Creative，擅长提出创意。

这一象限的创作者经常会有不一样的想法或天马行空的创意，会通过看不同的书籍、展览和电影等寻找灵感。

缺点：想法太多，不知道到底要做什么。

适合：挑战新的东西，创作不同类型、不同内容的短视频。

第二象限：Relationship，擅长营造良好的人际关系。

这一象限的创作者能跟很多人相处得很融洽，善于调动各方资源进行集体创作。

缺点：不注重细节，想到什么就做什么，缺乏计划性。

适合：跟人合作，创作访谈类的短视频。

第三象限：Details，注重细节，喜欢照着节奏走。

这一象限的创作者能够循循善诱地、很好地讲故事。

缺点：按部就班。

适合：创作资料类、知识类的短视频，不适合与人合作。

第四象限：Perception，擅长感知。

这一象限的创作者懂得把握时间，顺应时代与潮流，知道什么时候做什么东西。

缺点：没有固定的主题。

适合：各种流行主题的短视频。

也许有些人会说："我就想拍最火的风格"。段子火就想拍段子，Vlog 火就想当 UP 主，微电影火就想拍微电影。当然可以，前提是必须具有"万金油"般的天赋！什么都懂一点固然很好，但结果也可能就是真的只懂一点。

与其想雨露均沾，不如找到自己的特长去进行深度挖掘。我们所做的任何事情，其结果必然和我们的性格息息相关，例如擅长叙事的导演，让他去执导一条段子类的短视频，结果可能极度偏离预期效果，而且导演本身也会执行得比较"痛苦"。因为每个人感知的点不一样，敏感程度不一样，不在自己擅长的领域是无法发挥才能的。这就是为什么我们会给一些导演和电影"贴"标签，例如这是个文艺片导演，那是部商业电影。

下面具体分析几种风格的短片，希望能帮助大家快速地找到自己喜欢的风格。

2.1.1 复古风格

近几年复古风格又开始流行，创作一部复古的动态影像作品，就好像经历了一次短暂的沉浸式穿越。复古是一种元素，也是一种态度。

按地域或者年代细分，复古可以衍生出诸多类型。比较常见的有法式复古、日式复古、港风复古等，如图 2-2 ~图 2-4 所示。

图 2-2 法式复古风格

图 2-3
日式复古风格

图 2-4
港风复古风格

还可以根据拍摄器材或者格式来区分短视频风格，如 VHS 格式与 8 毫米格式。

VHS（Video Home System，家用录像系统）是由日本 JVC 公司于 1976 年开发的一种家用录像机录制和播放格式。虽然 VHS 的官方翻译是家用录像系统，但是最初 VHS 是 Vertical Helical Scan（垂直螺旋扫描）的意思，它采用了磁头 / 磁带垂直扫描技术。20 世纪 80 年代，VHS 格式在经历了与索尼公司的 Betamax 格式和飞利浦的 Video 2000 格式的竞争之后，逐渐成为家用录像机的标准格式。仿 VHS 风格如图 2-5 所示。

图 2-5
仿 VHS 风格

8 毫米格式源于日本视频产品制造厂家联合开发的一种摄像机高质量视频格式。该格式采用金属带，带盒十分小巧，因此对应的摄像机也可做得很小。但由于当时小型摄像机已普遍采用 VHS 格式，因此 8 毫米格式的推出并未受到日本摄像机制造厂家的重视。与此同时，8 毫米这一名称由于正好符合美国柯达公司更新超 8 家庭电影胶卷（即超 8 毫米胶片，它的用户定位是家庭用户）的思路，于是该公司率先推出了采用 8 毫米格式的便携式摄像机，柯达公司此举在日本卷起一股风暴。第二年，索尼公司推出了一款手持式摄像机，加入 8 毫米格式的竞争。8 毫米与 VHS 竞争的结果是双方势均力敌。仿 8 毫米风格如图 2-6 所示。

图 2-6
仿 8 毫米风格

这两类风格算是比较有代表性的复古风格，虽然有低像素、多噪点的明显缺点，但作为那个年代的特有标志，仍然具有一种独特的美感。老式家庭录像机如图 2-7 所示。

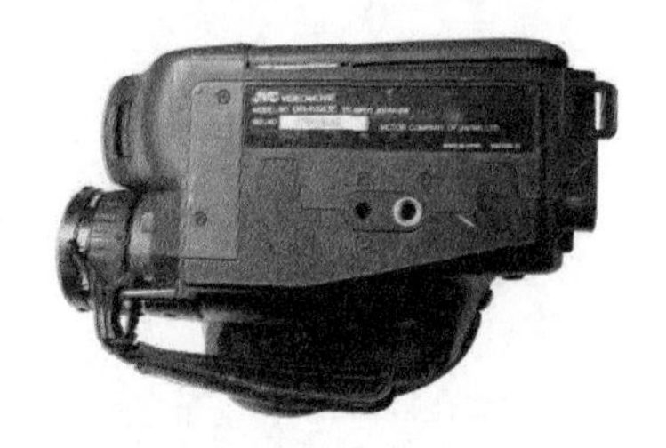

图 2-7
老式家庭录像机

复古类的短视频在画面色彩和服化道（服装、化妆、道具）上有着明显的风格，其画面呈现的形式也非常重要。因为早期是没有过多的辅助器材协助拍摄的，所以人们通常不会采用过于繁复的运镜方式。就 VHS 和 8 毫米格式而言，当初器材上 W-T（Widen-Truncate）拉焦的设计也是当时视频呈现的一大特色，大家可以去看一些早期的电影或摄像机拍摄的片段，里面经常会出现画面突然放大的效果，看起来非常有年代感。8 毫米录像机如图 2-8 所示。

图 2-8
8 毫米录像机

2.1.2 文艺风格

文艺风格的短视频和文艺类的电影不同。短视频由于短小，因此通常难以呈现完整的故事，文艺感则更多地体现在画面的风格上。文艺风格的短视频节奏通常比较慢，更偏向于传递人物情绪，表达方式多为平静、稳定的，不会有激烈的呈现方式，如图 2-9 所示。

图 2-9 文艺风格 1

很多时候，文艺风格的短视频在呈现一种生活方式或一种思考状态。下面列举几个与文艺短视频相关的词，这样会更方便联想与理解。例如唯美、浪漫、安静、清新、细腻、温馨、平静、向往、思考、回味等，如图 2-10 所示。

图 2-10 文艺风格 2

2.1.3 故事风格

故事片是通过影像和声音进行叙事的电影作品。凡是由演员扮演角色，具有一定故事情节，表达一定主题思想的影片都可称为故事片。故事片按题材、风格和样式等可分为警匪片、喜剧片、动作片、惊险片、科幻片、歌舞片、哲理片等。在短视频领域，故事风格的短视频更像是浓缩版的微电影。在短短的几分钟、十几分钟内说完一个故事很不容易。令人意外的是，在这个领域中有些广告片倒是做得很不错。

要拍好一个故事短视频，需要兼具很多技能，相关要求也会更高。如果喜欢这类风格的短视频，可以在积累足够的知识和经验后加以尝试。有故事的画面如图2-11所示。

图 2-11
有故事的画面

2.1.4 快剪风格

这类短视频的制作重心在后期剪辑，前期主要是积累素材。虽然这类视频基本没有台词或者演员，但它对摄影师运镜的技术有一定要求。为了让短视频更吸引人，拍摄时切忌以固定机位为主，应该多采用平移、推进、旋转、升格、延时等拍摄手法。在积累了一定量的优秀素材后，就要进行非常重要的剪辑了。

说起快剪风格短视频的兴起，不得不提到一部作品——《土耳其瞭望塔》。

这绝对是一部史诗级的快剪作品。这条 3 分多钟的短视频是摄影师用了 20 多天，走过了 3500 多千米，拍摄了大量素材，付出了大量劳动创作的，如图 2-12 所示。

图 2-12 《土耳其瞭望塔》画面截图

《土耳其瞭望塔》给人最直接的视觉冲击就是短视频中具有连续性的、贯穿全场的无缝转场，这是整部作品的灵魂。想要做出一条优秀的快剪风格的短视频，我们需要在视觉上先吸引观众的注意，这就不得不提到后期剪辑中的一个重要技巧——转场。

比较常用的转场技巧有遮罩转场和匹配剪辑转场。匹配剪辑转场又可分为形状匹配转场、物象匹配转场、逻辑匹配转场、色彩匹配转场、运动匹配转场、快速运动模糊和空镜转场、模拟快速变焦推拉无匹配转场等。关于这部分的详细介绍会在后面的章节中进行。

匹配剪辑转场可以让两个不相关的画面或场景产生新的联系，实现视觉上的连贯和内容上的衔接。对于剪辑人员来说，这是一个非常有趣的剪辑技巧，它能激发人们的想象力，鼓励人们去发现除了视觉和听觉之外的内容和思想，这也让这类短视频的剪辑人员拥有了更多的导演思维。

剪辑意识和剪辑思维需要一层一层地磨炼，逐步增加细节深度，要用一个几分钟的片段呈现出一个故事性的内容说起来就不简单，要做好更难，还是要多多练习才会有进步。

2.2 策划构思

动脑是动手之前的第一步。

2.2.1 预算

我们常说的一句话就是“抛开预算谈制作是不成立的”。这个习惯是在商业拍摄中形成的，一般来说，需要根据客户的预算来决定人员和器材的配置、创意的程度和可落地执行性。但如果是自己创作就简单多了，因为个人一般没有过多的预算，所以可以一切从简，再不济，就想方设法利用免费场景，如外景使用公共场景等。

总之，办法总比困难多，只要想拍摄，肯动脑，总能找到合适的解决方法。

2.2.2 灵感来源

灵感一直是个很抽象的词，它并非一个确切存在或者可以追寻的目标。灵感源于生活，一个人可能会在对某件事进行冥思苦想后突然获得灵感。

灵感虽然是突发的、不可预测的，但它产生于大脑高度集中的思考之后。换句话说，灵感虽然是偶然产生的，却与长期思考的经验有关。

在没有灵感的时候，又该如何获取呢？

每个人的灵感都不尽相同，有时候一杯咖啡、一个颜色、一句话、一个眼神，都可能会刺激灵感的迸发。除了不断积累素材、积累经验、锻炼思维能力外，不妨尝试下新鲜元素和新的刺激。

关于凯库勒悟出苯分子环结构的经过，据说他的灵感来自一个梦。那是他在比利时的根特大学任教时的一个夜晚，他在书房打瞌睡，眼前出现了旋转的碳原子。碳原子的长链像蛇一样盘绕卷曲，忽然，一条蛇衔住自己的尾巴，并旋转不停。凯库勒猛然醒来，得到了苯分子环结构的灵感。

灵感可能会突然出现，但无法脱离平日的积累。如果我们想要追求灵感，那平时就需要多看、多思考，积累足够的能力，这样大脑在调动需要的片段时，才能有迹可循。除此之外，我们还可进行一些发散思维的训练，或玩一下发散思维的游戏。

2.2.3　主题与故事

短视频可以有很多种类型，每一种类型的故事的主题都不相似，在开始创作剧本时最重要的一步是确定主题。故事主题可以讲述某个人的某个故事，也可以纯粹地记录生活。每条短视频都必须有主题，主题是剧本的灵魂。

剧本是一个整体，把主题、时间线、画面、人物、动作、台词、场景、情节、开头、经过和结尾等要素组合在一起，要素中的内容都可以进行设计，结构也可以进行搭建。这时，我们仿佛是一个造梦师，所有的一切都取决于我们想创造出一个怎样的故事，如图 2-13 所示。

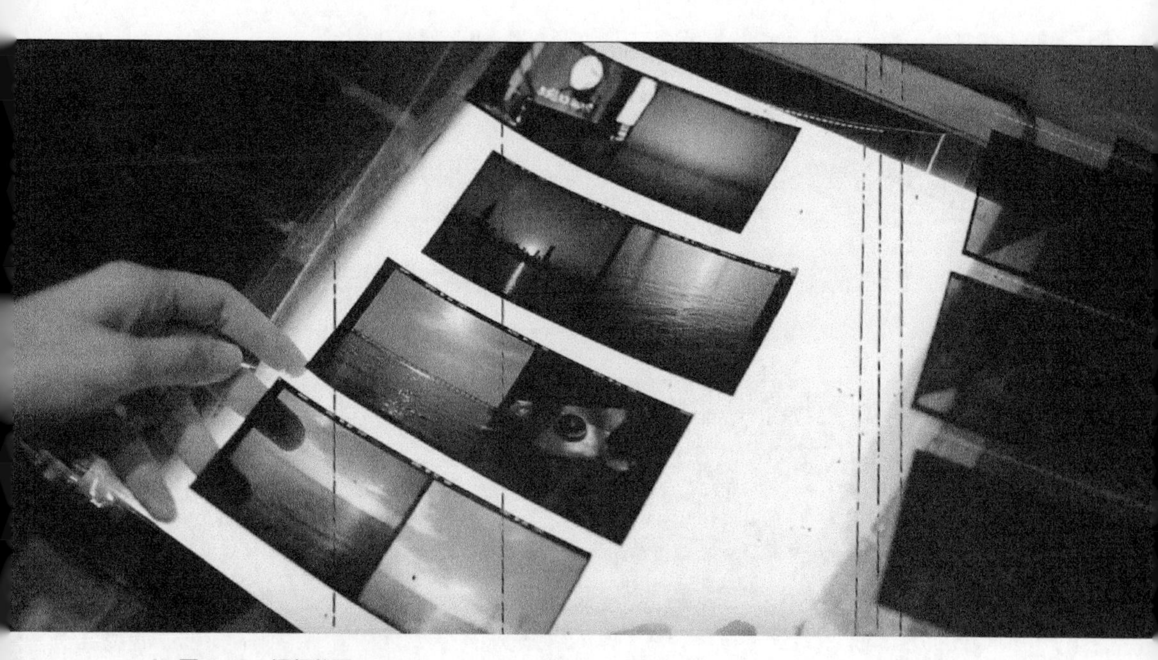

图 2-13　视频截图

那么剧本创作应该如何开始呢？

先了解剧本的格式（先不要去了解拍摄剧本，而是先了解文字剧本），学会讲好的故事，这相当于编剧或文案的角色。此时不要讨论分镜头、近镜头、转场等，这些不是写剧本的时候需要考虑的，而是定下剧本后细化分镜时考虑的。

想要写出好的故事，就要学会设置悬念、戏剧性、冲突三要素。

悬念。好的故事都是充满悬念的，无论写什么样的剧本，悬念都是讲故事的第一要务。

戏剧性。戏剧性是指人物把内心的想法通过动作与台词表现出来，给观众带来直接的感官体验。在特定的时间与地点产生的动作称为戏剧性动作。创作一个戏剧性动作的前提是建立一个人物。当然，这个人物产生什么样的行为取决于他的性格，不同性格的人物会产生不同的戏剧效果，也会影响故事的发展。

冲突。给剧本设置挫折与矛盾，人物的矛盾或者剧情的矛盾都可以。

好的故事都有开头、经过、结尾。故事的结果是所有悬念、戏剧性和冲突指向的最终目的地，是整个剧本的总结。具有吸引力的故事情节更能够让观众与故事中的人物共情，并沉浸于故事的发展中，感受故事带来的情感共鸣。

2.2.4 画面风格与美术

在开拍前还需要确定画面风格，如图 2-14 所示。短视频整体呈现的基调是如何的？是明亮还是深沉？是低对比还是高饱和？是平稳的镜头运动还是以手持镜头为主？想通过这些镜头传达怎样的情绪？这些都是需要思考的问题。

图 2-14　确定画面风格

摄影风格和美术指导与画面风格息息相关。摄影是短视频创作的基础，它以客观实体为对象，运用光线、色彩、构图等，通过一幅幅活动的、持续的画面，展现逼真、生动、直观、具体的影像。摄影在短视频创作中具有特殊的地位和作用，一条短视频的艺术形象必须通过画面来表现。

美术指导原指负责布景设计的人，后来也被称为制作设计师（production designer），负责协调灯光、摄影、特效、服装、道具、剪辑等整体的视觉风格。一条短视频的美术如果做得好，其整体的美感和观赏性是会有质的提升的。

美术指导是摄影师的亲密合作伙伴，他们共同对成片的造型质量负责。摄影师跟美术指导共同研究、确定造型构思、分镜头气氛设计及具体的环境制作方案。美术指导根据总造型设计的分镜头气氛和人物造型图，是摄影师进行画面造型的重要依据。摄影师也应充分理解、尊重美术指导的创作意图，并努力在电影画面中体现出来。二者相辅相成，共同帮助导演提升短视频的整体质感，如图 2-15 所示。

图 2-15　画面风格和美术相辅相成

2.2.5 场景选择

在确定好剧本和画面风格后，就可以根据确定的故事主题和画面风格来寻找合适的场景了。例如拍一条港风复古的短视频时，可以选择港式茶餐厅、霓虹灯牌等地方作为拍摄场景，如图 2-16 所示。

图 2-16
茶餐厅场景

如果想拍一条清新文艺的短视频，可以选择一些干净的场景，如天台、天桥、海边等，如图 2-17 至图 2-19 所示。

图 2-17
天台场景

图 2-18 天桥场景

图 2-19 海边场景

如果想要拍摄电影《重庆森林》风格的短视频，可以去金鱼店。金鱼店里水箱的灯光可以很好地营造一种暧昧、迷离的氛围，如图 2-20 所示。

图 2-20 金鱼店场景

2.2.6 背景音乐选择

背景音乐（Background music，BGM）有多重要？举个例子，在最早的默片年代，电影是没有声音的，为了让观众有更好的观影感受，工作人员会在放映现场安排一支乐队专门配乐。虽然不是全程配乐，只是为部分片段配乐，但已经说明了配乐的重要性。

电影配乐在 20 世纪初期已经形成，它运用特殊的手法来起到渲染气氛、抒发感情、推动剧情、营造氛围等作用。到了今天，配乐已经和电影融为一体，是电影中无法分割的一部分。优秀的配乐一定是和电影相辅相成的，它既是影片的一部分，也是视觉之外的感官弥补。举个例子，如果把《盗梦空间》的配乐去掉，则不仅剧情无法推动，更无法唤醒主角。

值得注意的是，在选择背景音乐的时候，需要考虑版权的问题。现在可以在很多成熟的音乐网站中购买音乐的版权，也可以找专业的工作室进行原创编曲。

2.3 关于器材

比起影视剧和广告，短视频更贴近我们的生活。原因之一在于短视频对器材的限制较少，大至专业拍摄设备，中至微型单反相机、单反相机，小至手机、DV 机，都可以作为拍摄器材，这让短视频创作更加灵活、方便。

2.3.1 必备器材

要拍摄短视频，最少必须准备以下拍摄器材中的一种。如条件允许，可准备多种。

手机。各种智能手机，如图 2-21 所示。

手机可以随时随地展开拍摄，是最方便、适用范围最广的摄影器材之一，现在很多手机可进行 4K 拍摄，拥有大光圈，还有不错的防抖性能。

图 2-21
手机

微型单反相机。常用的微型单反相机有索尼 A7S 系列、佳能 EOS R5/R6 系列、松下 GH、富士 XT 系列、索尼黑卡等，如图 2-22 所示。

在非电影级的摄像要求中，微型单反相机可以说是第一选择。它携带方便（相比单反相机），成像质量佳（相比手机），支持 4K/6K 拍摄，可拍摄出高质量的升格效果，而且现阶段的微型单反相机在防抖性能上也有了很大的提升。

图 2-22
微型单反相机

单反相机。常用的单反相机有佳能 5D 系列等，如图 2-23 所示。

单反相机是早期常用的视频拍摄器材。比起微型单反相机，它的缺点是视频拍摄模式单一，对素材色彩的宽容度比较低，后期调色空间较小。虽说佳能 5D4 升级了视频系统，但其实际的拍摄效果比起其他的一些微型单反相机还是差了一些。之前，佳能 5D2 拍摄过《钢铁侠 2》中的一个赛车片段，拍摄时给它加了一个魔灯系统。

图 2-23
单反相机

2.3.2　辅助器材

辅助器材可以帮助必备器材发挥更大的作用。

手持云台。手持云台通过自动稳定协调系统，可以实现手持拍摄过程中的自动稳定与平衡。只要把相机或手机夹在三轴手持云台上，无论用什么动作拍摄，手持云台都能够随着动作的变化自动调整相机与手机的状态。它的作用是始终使拍摄器材保持稳定、平衡的角度，使拍摄出的画面稳定、流畅。目前市面上大多数的手机、相机手持云台都是三轴的，有航向、横滚与俯仰 3 个轴。手持云台只要抵消了这 3 个轴的抖动，拍摄的画面在大部分情况下就已经很稳定了。因此只需要让 3 个电机反向转动，就可以抵消抖动了。五轴防抖增加了抵消上下与左右两个轴的抖动的功能，主要采用油压弹簧的稳定方式。目前市面上没有五轴手持云台，因为五轴手持云台的体积实在太大，比三轴手持云台大很多，所以它的便携性差了很多，性能提升又不明显，一般不会使用。

手机手持云台如图 2-24 所示，相机手持云台如图 2-25 所示。

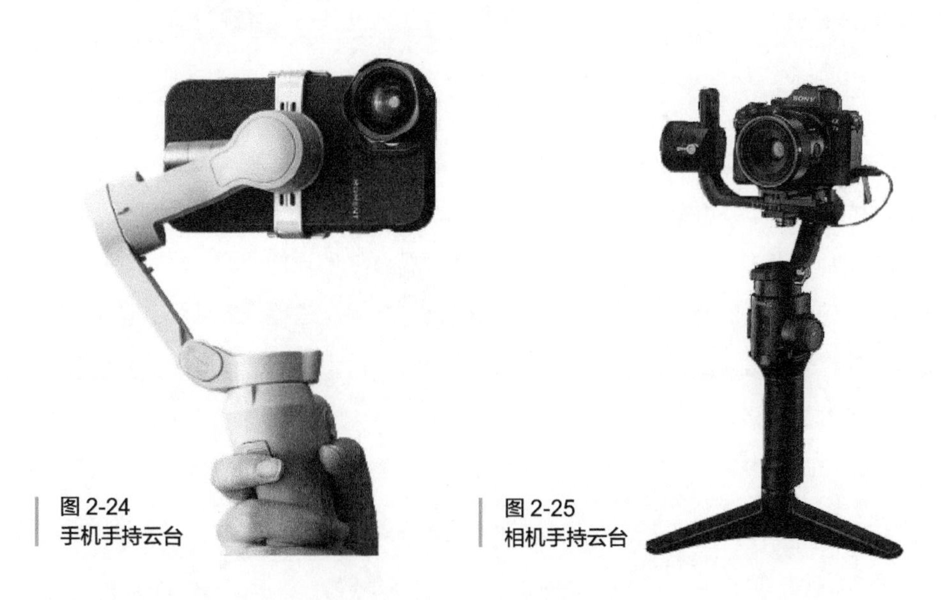

图 2-24
手机手持云台

图 2-25
相机手持云台

稳定器。这里主要介绍机械减震稳定器，也就是常听到的斯坦尼康稳定器，一般应用于大型晚会、广告、电影等的拍摄，如图 2-26 所示。通常在移动拍摄时可借助轨道车、摇臂来减少摄像机的抖动。斯坦尼康稳定器有着极佳的灵活性和便利性，用它可以拍摄时间更长的长镜头（与传统的摇臂拍摄相比），而且摇臂拍摄中的轨道车需要平坦的地面，斯坦尼康稳定器却可以适应山地、台阶等更复杂的环境，可以完成更灵活的移动镜头的拍摄。当然，这对摄影师的要求极高，一般我们拍摄短视频是用不到斯坦尼康稳定器的。

图 2-26
斯坦尼康稳定器

无人机。无人驾驶飞机简称无人机，英文缩写为 UAV，是利用无线电遥控设备和自备的程序控制装置操纵的不载人飞机。

通常我们会将无人机拍摄的航拍镜头作为短视频中的调剂画面，以突出环境氛围或者作为转场画面使用。无人机的拍摄角度比较特殊，善用无人机可以拍摄出不同寻常的、有趣的画面。

无人机如图 2-27 所示。

图 2-27
无人机

三脚架。拍摄视频的三脚架大致可以分为以下两种。

一种是手持的桌面三脚架。很多 Vlog 拍摄者非常喜欢用这种三脚架，因为它使用起来非常方便，能随时随地放置。变形的八爪鱼三脚架可以固定在树上或栏杆上，如图 2-28 所示。

图 2-28
八爪鱼三脚架

另一种液压三脚架。这种三脚架和手持的桌面三脚架有所区别，它可以通过液压云台进行顺滑、稳定的摇动拍摄，如图 2-29 所示。

图 2-29
液压三脚架

滑轨。滑轨可以让拍摄的画面呈现出左右、前后移动的运镜效果，它大致可分为手动滑轨和电动滑轨两种。电动滑轨的好处是可以让移动的画面更加匀速、稳定，还可以通过 App 来设置运动轨迹，如图 2-30 所示。

图 2-30
滑轨

兔笼。“兔笼”的作用有两个：一是保护拍摄设备，二是可以安装更多的配件。例如相机一般只有一个“热靴”接口，如果既想把麦克风安装在相机上，又想把闪光灯安装在相机上，那么就可以使用“兔笼”将两个设备都安装在相机上。另外，如果相机的翻转屏正好和“热靴”在同一位置，那么麦克风放上之后就会被挡住，这时就可以通过“兔笼”增加侧面“热靴”来解决这个问题，如图 2-31 所示。

图 2-31
安装了“兔笼”的微型单反相机

2.3.3 灯光器材

在光线条件不佳或者想营造特殊的光线氛围的时候，通常需要一些灯光器材作为辅助。影视用灯最重要的要求是显色性，如果灯具的显色性过低拍出来的画面就没法看。显色性由灯具的发光原理决定，根据发光原理可以将灯具分为钨丝灯、荧光灯、镝灯、LED 灯。影视用灯还对光质有要求，如软硬光、聚光或泛光。根据结构可以将灯具分为聚光灯、筒灯、敞口灯、泛光灯、平板灯、气球灯、灯笼灯等。

钨丝灯（红头灯）。钨丝灯和家用钨丝灯泡类似，优点是便宜，缺点是不如镝灯亮，不适合在室外使用，如图 2-32 所示。

图 2-32
钨丝灯

镝灯（HMI 灯）。镝灯常配合镇流器使用，亮度比钨丝灯和 LED 灯高，为主流的影视用灯。其色温高，能胜任棚内和户外工作，频率可调，拍摄高速运动的物体也没问题，且有多种亮度可选。优点是亮，缺点是贵且体积大，如图 2-33 所示。

图 2-33
镝灯

平板灯（Kino）。平板灯以前多采用荧光灯管，现在也有用 LED 灯管的。

LED 灯。LED 灯通常亮度不会太高（不会超过 400 瓦的镝灯），显色性不错，便携且操作简便，色温可调，如图 2-34 所示。

图 2-34
LED 灯

在一般的短视频拍摄中，受场地和预算等限制，不方便携带大型灯光器材，于是便携 LED 补光灯便成了优选，如图 2-35 所示。

除此之外，还有便携灯棒和变色 LED 灯，它们也方便携带，变色 LED 灯如图 2-36 所示。

图 2-35　便携 LED 补光灯

图 2-36　变色 LED 灯

2.3.4 录音器材

一条视频的效果好不好，与其中的声音有很大的关系。声音分为背景音乐、前期同期声、后期配音等，这里介绍的是前期同期声的收录器材。

机器自带麦克风。无论是手机、单反相机还是摄像机，它们都自带录音孔（微型麦克风）。这种机器自带的录音功能会将拍摄现场的所有声音都录下来。

指向性麦克风。顾名思义，指向性麦克风就是带有特定指向的麦克风，如心型指向、超心型指向、枪型指向、双指向式等。这种麦克风只重点收录指定方向的声音，机顶麦克风、枪式麦克风、手机麦克风和常见的手持麦克风都是指向性麦克风，如图 2-37 所示。

图 2-37
指向性麦克风

小蜜蜂（无线麦克风）。这种麦克风运用无线技术传输声音，一般全向拾音，优点是体积小、重量轻、比较容易隐藏，其录音头需要尽可能地靠近声源以获得较好的录音效果。这种麦克风是微电影、短视频和 Vlog 拍摄中的便携录音利器，如图 2-38 所示。

图 2-38
“小蜜蜂”装置

便携式数字录音机。便携式数字录音机可直接外录声音，也可以连接在设备上进行线路录音，例如直接用在调音台线路中，或通过连接延长线和指向性麦克风、挑杆一起使用，如图 2-39 所示。我们经常见到大型影视拍摄剧组使用这样的录音设备。如果只是个人拍摄日常短视频，一般不需要用到这么专业的录音设备。

图 2-39
便携式数字录音机

简单了解以上录音器材之后，我们就要做出一个简单的判断，根据自己的拍摄需要选择合适的录音器材。那么应该如何选择录音器材呢?

拍摄人物对白和人物访谈时，可以采用一拖一或者一拖二“小蜜蜂”（一拖一指一个接收器和一个带麦克风的发射器，一拖二指一个接收器和带两个麦克风的发射器）。进行现场拍摄、即兴活动抓拍、街头采访时，如果着装不方便藏住麦克风，或受访者的运动幅度较大，推荐使用指向性麦克风，如机顶麦克风。

如果被拍摄的人物或场景有较多运动变化，那么还是适合用“挑杆 + 枪式”麦克风的组合，因为如果运用“小蜜蜂”在这一类视频拍摄中录音，会产生较大的摩擦音，这些不规则的声音即便在后期剪辑中也无法完全消除。使用“挑杆 + 枪式”的组合，可以使麦克风最大限度地接近声源，进一步提高录音的清晰度，如图 2-40 所示。

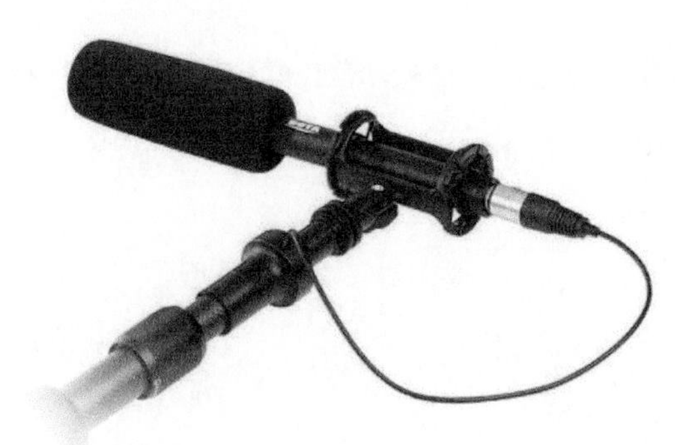

图 2-40
“挑杆 + 枪式”
麦克风

如果用智能手机进行拍摄，那么还有更简单的选择，可以使用手机专用麦克风，其携带方便、操作简单、录音效果良好，可以让短视频的拍摄变得非常轻松，如图 2-41 所示。

图 2-41
手机专用麦克风

2.4 脚本

制作脚本是拍摄前一项非常重要的工作。脚本包含 3 个基本框架——主题框架、内容框架、镜头框架。

主题框架包括创意和脚本的创作，内容框架包括分镜的构思，镜头框架包括运镜和转场方式。

2.4.1 创意——闪光点

长视频可以娓娓道来，短视频则需要在短时间内就抓住观众的注意力，更需要有亮点，例如叙事方式的非常规化（倒叙、插叙和各种蒙太奇手法），内容的转折点，或者亮眼的画面等，这些都可以成为快速吸引观众的闪光点。

短视频中的闪光点不必多，有一两个足矣。它可以出现在开头，引起观众的兴趣；可以出现在中间，作为推动剧情的转折点；也可以出现在最后，起到升华主题的作用。

收集灵感可以有很多种方式：读书、看电影、听音乐、看展览、冥想等。当灵感闪现的时候，请立即停下手中的工作去记录它，哪怕只是碎片，也可以作为一个思维的发散点。

2.4.2 如何写一个脚本

每个短视频必须有它想要表达的主题。它可以诉说为梦想奋斗时遇到困难的故事，也可以演绎爱情的艰难，或者讲述社会现象。我们必须先确定要表达的主题，才能开始短视频创作，因为所有的工作都将围绕这个主题展开。

当主题确定后，我们要做的就是规划短视频的内容，这是视频的主要部分，在这个阶段需要做的是用一个故事来表达主题。

在这个故事中，角色、场景和事件会被设置完成。例如，年轻恋人们因为误会或外界因素而分开，又因为一些机缘巧合而解除误会等。在这个环节中，我们可以通过许多这样的情节和冲突来表达主题，并最终形成一个故事。

例如法国短片《调音师》，用一句话概括就是盲人调音师的故事。在细化内容的时候可以填充各个细节，例如主角是盲人调音师，但他不是真的盲人，是假装的。再细化假装的原因——学习钢琴多年却默默无闻，为了得到关注而假装盲人。然后细化后果——得到了更多的关注，还可以通过假装盲人明目张胆地窥探他人的生活。故事的转折——在一次假装盲人调音师上门工作的时候，无意中目睹了一桩凶杀案，这时主角该如何继续扮演盲人并顺利逃离困境是最吸引观众的。

以此为例，我们也可以进行非常多的创作训练，先给出一句话，再去填充内容并安排故事走向。例如大学毕业生的故事，大学毕业生的具体状况包括单亲家庭、领养家庭、跳级的天才、复读了几年的大龄大学生；毕业初期经济困难，住宿条件差，遇到租房机构骗局，被房东赶出住处，毕业分手等；故事可以向创业失败、找到风口、遇到贵人等方向发展。以上只是举例，大家可以发散思维，创造更多、更丰富的内容。

除此之外，我们还可以进行“拉片”练习。“拉片”指反复观看、暂停、慢放、逐格观看电影。“拉片”的目的是发现电影导演的秘密。电影导演的核心秘密是视听语言（蒙太奇），即用影像来分解和重组时空的方法。这听起来很复杂，简单来讲其实就是拍摄的方法。运用视听语言是电影导演的核心技能和基本功，从“拉片”开始，学习如何构建剧本，以及如何运用镜头，这是一个非常好的学习方法。

举个例子，假如我们要拍一个饮料广告。

影片时长：2 分钟左右。

人物：男、女主角。

人物职业：白领。

主题关键词：工作生活日常，恋人互动，温情，浪漫，有趣。

故事梗概如下。男、女主角小时候是一起在巷子里嬉戏的邻居，经常一起去小卖部买东西，男主角每次都说：“老板，一拖一两瓶饮料。”女主角问：“什么是一拖一？”男主角说：“一个哥哥拖一个拖油瓶。”突然有一天女主角搬家了，男主角兴冲冲地跑去两人常去的小卖部买饮料的时候，看见女主角家的车驶出小区……长大后的男主角在公司看到新来的女主角，觉得很眼熟。在之后的工作中，二人熟络了起来并经常一起吃饭，终于有一天，男主角来到女主角身边，放下饮料说：“一拖一两瓶。”女主角吃惊地看着男主角……

在建立好故事的框架后，我们就可以对内容进行细化，并构思分镜了。

2.4.3 分镜的构思

当我们构思好视频的内容走向后，就可以开始构思分镜了。分镜又叫故事板，是指电影、动画、电视剧、广告、音乐录像带等各种影像媒体在实际拍摄或绘制之前，以图表的方式来说明影像的构成，将连续画面以一次运镜为单位进行分解，并且标注运镜方式、时间长度、对白内容、特效等。

1. 如何让构图加分

导演在构思分镜的时候，首要考虑的是通过镜头传达给观众的思想，也就是我们经常说的镜头语言。镜头语言就是用镜头像语言一样去表达我们的思想，通常观众可以通过画面看出拍摄者的意图，因为观众可以从拍摄的画面的变化中感受到拍摄者想透过镜头表达的内容。

一个好的视频，通常具有独特的构图技巧和叙事手法。例如导演韦斯·安德森的《布达佩斯大饭店》采用了极致对称的构图技巧，如图 2-42 和图 2-43 所示。

图 2-42 《布达佩斯大饭店》画面 1

图 2-43 《布达佩斯大饭店》画面 2

整个影片采用了 3 种画幅（画幅指画面宽高比）来表现不同年代的特色，在表现 20 世纪 80 年代时采用了 1.85：1 的学院宽银幕画幅，如图 2-44 所示。

图 2-44
表现 20 世纪 80 年代的 1.85：1 画幅

在表现 20 世纪 60 年代时采用了 16：9 的宽银幕画幅，如图 2-45 所示。

图 2-45　表现 20 世纪 60 年代的 16：9 画幅

在表现 20 世纪 30 年代时则采用了 1.37：1 的标准比例画幅，如图 2-46 所示。

图 2-46
表现 20 世纪 30 年代的 1.37：1 画幅

下面从拍摄的戏剧性角度、斜角镜头、画面留白、视线引导、增加层次等方面来分析一下电影构图技巧。

戏剧性角度

摄像机的角度对镜头的表现效果有非常重要的影响。戏剧性的角度可以强化一场戏的情感冲击力。摄像机的低角度能体现角色的高大和物体的宏伟，如图 2-47

图 2-47 低角度画面

所示。摄像机的高角度能赋予角色低姿态，好像观众正在俯视他们。极端角度就是夸张的戏剧性角度，如俯瞰、鸟瞰等。

斜角镜头

斜角镜头一般指的是将摄像机稍微向一边倾斜，通过环境的不稳定感给观众传达角色不稳定的情绪，增强镜头的张力。

这种角度会让画面失去平衡感，通常用于表现不安、暴力、惊险、醉酒等情境，也能在表达疯狂、丧失方向感、药物对精神的影响或气氛改变时采用。

当画面中存在醒目的水平线条和垂直线条时，这个技巧最具表现效果，摄像机倾斜的角度会得到强化。因为我们的眼睛看任何物体都习惯直上直下，所以随着倾斜的地平线而产生的斜线会立即引起我们的注意，如图 2-48 所示。

图 2-48 斜角镜头示范

画面留白

留白是摄影构图中很常用的方法，能够让画面更加简洁，重点突出画面中的主体，以营造意境丰富的画面。留白也是减法构图的一种方式。

在构图时给画面背景多留些空白，如干净的天空、路面、水面、雾气、虚化了的景物等，这样不会干扰观众的视线，如图 2-49 所示。

图 2-49
画面留白

视线引导

导演可以用以下方式构建一个场景：运用场景内的被拍摄物体将观众的视线引向一个特定的物体、人物或者画面的某一处。

视线引导通常需要利用较长的物体（如一排栅栏或一条蜿蜒的道路）来完成，这个技巧可以使观众在面对复杂的场景时明白自己应该看向何处，如图 2-50 所示。

图 2-50
视线引导构图

增加层次

在每个镜头或场景中，导演都会通过构图体现出层次。

后景中的物体能暗示一些内容，或者延伸中景的层次；前景中的物体能体现对纵深空间的强调；中景中的物体用于分离前景和后景。

为了加强效果，还可以设置内部画框。我们在银幕上看到的画面是被摄像机所限定的，这个画面的边框叫作外部画框。电影制作者可以在画面中增加一个内部画框，如一扇窗户、一片灌木丛或一排栏杆等，如图 2-51 所示。

图 2-51　增加内部画框

这种效果能够将角色剥离出来，还可以使内部画框中的角色从一群角色中脱颖而出。

构图的能力和美学修养息息相关，我们平时应多了解平面设计、摄影构图等美学知识，在拍摄短视频时才能构建出优美的画面。

2. 镜头的运用——运镜和转场

运镜

运镜又称为运动镜头、移动镜头，是指通过摄像机的连续运动或连续改变光学镜头的焦距而拍摄到的镜头。与运镜相对的是定镜，定镜会让人觉得死板，而运镜则会让画面更具动感。

运镜有以下几种基本技巧，分别是推、拉、摇、移、跟、甩。

推。推即推拍、推镜头，是指摄像机向被拍摄主体的方向推进，或者变动镜头焦距使画面由远而近向被拍摄主体不断接近的拍摄方法。

拉。拉拍是摄像机逐渐远离被拍摄主体，或变动镜头焦距（从长焦调至广角）使画面由近至远与被拍摄主体拉开距离的拍摄方法。

推拍与拉拍示范如图 2-52 所示。

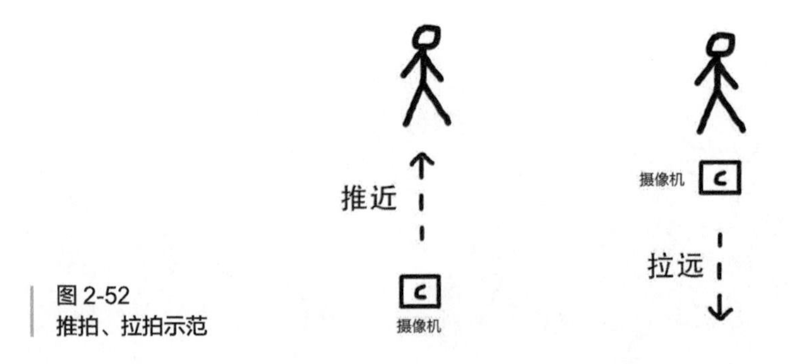

图 2-52
推拍、拉拍示范

摇。摇即摇镜头，是一种拍摄时摄像机的位置不动，通过摄像机本身的水平或垂直移动进行拍摄的方法。

摇拍示范如图 2-53 所示。

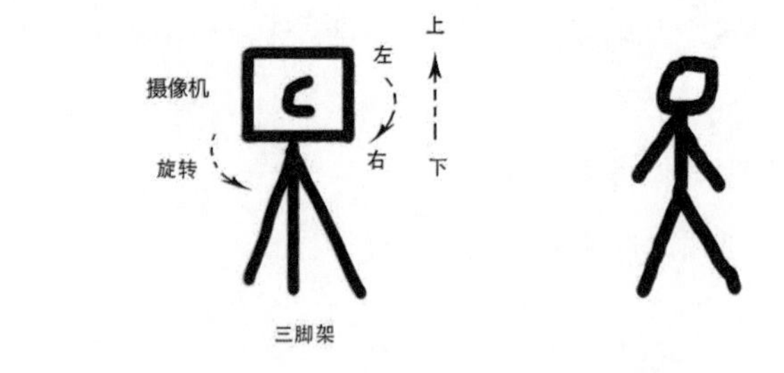

图 2-53
摇拍示范

移。移又称移植、移动拍摄。从广义上说，各种运动拍摄方式都属于移动拍摄，但通常所说的移动拍摄专指把摄像机安放在运载工具上，沿水平面在移动中进行拍摄的方法，如图 2-54 所示。将移拍与摇拍结合可以形成摇移拍摄方式。

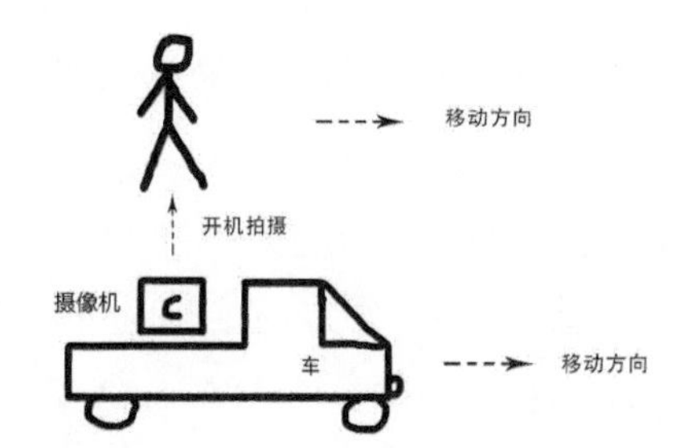

图 2-54
移拍示范

跟。跟指跟踪拍摄。跟移是一种组合拍摄方式，还有跟摇、跟推、跟拉、跟升、跟降等，即将跟摄与移、摇、推、拉、升、降等多种拍摄方法结合在一起同时使用。总之，跟拍的手法灵活多样，它能使观众的眼睛始终盯在被跟拍的对象上，如图 2-55 所示。

图 2-55　跟拍示范

甩。甩镜头即扫摇镜头，指镜头从一个被拍摄物体甩向另一个被拍摄物体，可以表现急剧的变化，作为场景变换的手段时不会露出剪辑的痕迹。

还有一些常用的其他运镜方式。

升。升，摄像机借助升降装置，一边上升一边拍摄的方式。

降。降、摄像机借助升降装置，一边下降一边拍摄的方式。

俯。俯拍，常用于宏观地展现环境和场景的整体面貌。

仰。仰拍，拍摄的画面常带有高大、庄严的意味。

悬。悬空拍摄，有时还包括空中拍摄，有广阔的表现力。

空。空又称空镜头、景物镜头，指没有角色（不管是人还是其他动物）的纯景物镜头。

切。切是转换镜头的统称，任何一个镜头的剪接都是一次切的过程。

综。综指综合拍摄，又称综合镜头，它将推、拉、摇、移、跟、升、降、俯、仰、旋、甩、悬、空等拍摄方法中的几种结合在一个镜头中。

短。短指短镜头。电影中一般指 30 秒（每秒 24 格，约合胶片 15 米）以下的镜头；电视剧中指 30 秒（每秒 25 帧，约合 750 帧）以下的连续画面。

长。长指长镜头。30 秒以上的连续画面即为长镜头。

长、短镜头的区分尚无公认的标准，上述标准仅作为参考。

正反打。正反打指摄像机在拍摄二人场景时的异向拍摄方法。例如拍摄 A、B 二人对坐交谈的场景时，先从 A 这边拍 B，再从 B 这边拍 A（近景、特写均可），最后交叉剪辑，构成一个完整的片段，如图 2-56、图 2-57 所示。

图 2-56
镜头正打

图 2-57
镜头反打

变焦拍摄。摄像机不动，通过镜头焦距的变化，使远方的被拍摄对象清晰可见，或使近景从清晰到模糊。

主观拍摄。主观拍摄又称主观镜头，即表现剧中人物的主观视线、视觉的镜头，常有可视化的心理描写作用。

转场

转场指视频场景的过渡。每个段落（构成电视剧的最小单位是镜头，一个个镜头连接在一起形成段落）都具有单一的、相对完整的含义，如表现一个动作过程，表现一种关系等。段落是电视剧中的一个完整的叙事层次，就像戏剧中的幕或小说中的章节一样，一个个段落连接在一起，就形成了完整的电视剧。段落是电视剧最基本的结构形式，电视剧在内容上的结构层次是通过段落表现出来的。段落与段落、场景与场景之间的过渡或转换叫作转场。

转场的方法多种多样，通常可以分为两类：一类是用特效做转场，另一类是用镜头的自然过渡做转场。前者称为技巧转场，后者称为无技巧转场。详细内容在“3.4.3 转场镜头”中讲解。

3. 景别的运用

根据景距、视角的不同，景别一般可分为远景、全景、中景、近景、特写，再细化可分为以下几类。

极远景。极端遥远的镜头景观，人物在画面中小如蚂蚁，常见的极远景有航拍镜头。

远景。深远的镜头景观，人物在画面中只占有很小的位置。广义的远景根据景距的不同，又可分为大远景、远景、小远景（又称半远景）3 个层次。

大全景。大全景包含整个被拍摄主体及其周围的大环境，通常用来介绍影视作品中的环境情况，因此被叫作“最广的镜头”。

全景。拍摄人物全身或较小场景全貌的画面，相当于话剧、歌舞剧场“舞台框”内的景观。在全景中可以看清人物动作及人物所处的环境。

小全景。人物“顶天立地”，属于比全景小得多，又保持相对完整的景别。

景别示例如图 2-58 所示。

图 2-58
景别示例 1

中景。中景拍摄人物小腿以上的部分，或拍摄与此相当的场景，是表演性场面的常用景别。

中近景。中近景俗称“半身像”，拍摄的是人物从腰部到头部的场景。

近景。近景拍摄人物胸部及以上的场景，有时也用于表现景物的某一局部。

特写。特写指摄像机在很近的距离内拍摄对象，通常以人体肩部以上的头部为取景参照，突出强调人体的某个局部，或物体细节、景物细节等。

大特写。大特写指突出头像的局部，或身体、物体的某一细节部位，如眉毛、眼睛、枪栓、扳机等。

景别示例如图 2-59 所示。

图 2-59
景别示例 2

将不同的景别搭配使用，加上镜头的运动与转场，能达到非常好的视觉及内容传达效果。

在电影拍摄中，导演和摄像师利用复杂多变的场景和镜头调度，交替使用各种不同的景别，可以使影片剧情的叙述、人物思想感情的表达、人物关系的处理具有极佳的表现力，从而增强影片的艺术感染力。

景别组接变化的形式有以下两种类型。

逐步式组接。这种景别的变化方式是递进的，可分为两种类型。

远离式。由近及远——特写、近景、中景、全景、远景。

接近式。由远及近——远景、全景、中景、近景、特写。

这种逐步式组接是一种比较有规律的处理方式，它以人眼观察事物的视觉习惯为依据，但并不是任何短视频都要以此为规律，它只是一种基本的镜头景别变化方式或风格。

跳跃式组接。这种景别的变化方式是跳跃的，可以是远景直接接中景再接特写、远景直接接近景或者特写的跳跃，也可以是特写接中景再接远景、特写或者近景直接接远景的跳跃，还可以是别的并非相邻的景别接续形成的跳跃。这种跳跃的组接方式在艺术创作中运用较多，不同的景别组合可以营造出不同的氛围，拍摄者可以因此形成自己独有的拍摄风格。

第3章 开始拍摄——如何拍摄一条短视频

本章思维导图

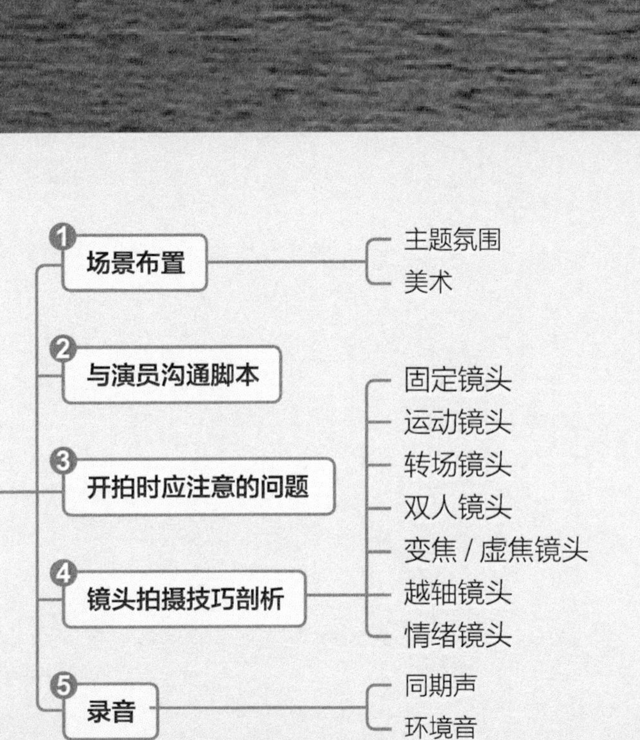

3.1 场景布置

在完成了各项关于脚本的准备工作后，就到拍摄短视频的环节了，仔细想想还有没有什么被遗漏的准备事项？

在拍摄前，还需要做一项工作，那就是布置场景。在拍摄短视频的过程中，想要更好地表达内容和体现画面的美感，美术工作是必不可少的，从主角的服装造型到场景中每个角落的布置，再到物品陈列的细节，不同的故事需对应不同的画面呈现方式。

3.1.1　主题氛围

场景是短视频的重要构成部分，是短视频创作中必不可少的元素之一。好的场景布置倾注了导演和美术人员无数的心血，可以对短视频的氛围和剧情起到烘托和铺垫的作用，能够突出短视频的主题，深化主旨，推动剧情的发展，增强短视频的艺术感染力。通过不同场景的布置和变换，可以增强短视频的趣味性和观赏性，丰富短视频的内涵，如图 3-1 所示。

图 3-1　主题氛围

通过分析剧本，我们可以得知人物性格和背景的设定、场景环境的设定、年代背景的设定、妆发的设定、陈设风格、需要的道具等。根据脚本需要表达的情绪，我们可以调整场景的氛围，包括空间大小、陈设风格、光影和色彩等，如图 3-2 至图 3-4 所示。

图 3-2 复古氛围

图 3-3 平静、忧郁的氛围

图 3-4　浓烈、欢快的氛围

3.1.2　美术

美术是短视频视觉形象造型的基础，美术人员以形、光、色等造型手段为短视频设计出供导演、摄像师讨论的蓝图。美术设计必须符合短视频整体造型要求，实现导演、美术人员与摄影师三位一体的统一构思，并要注意造型设计与影片的题材、样式、风格的协调。美术既具有艺术性，又具有很强的技术性。

在视频的色调、风格的把控上，美术也起着比较重要的作用，如图 3-5 和图 3-6 所示。

图 3-5
利用彩色灯营造出的氛围

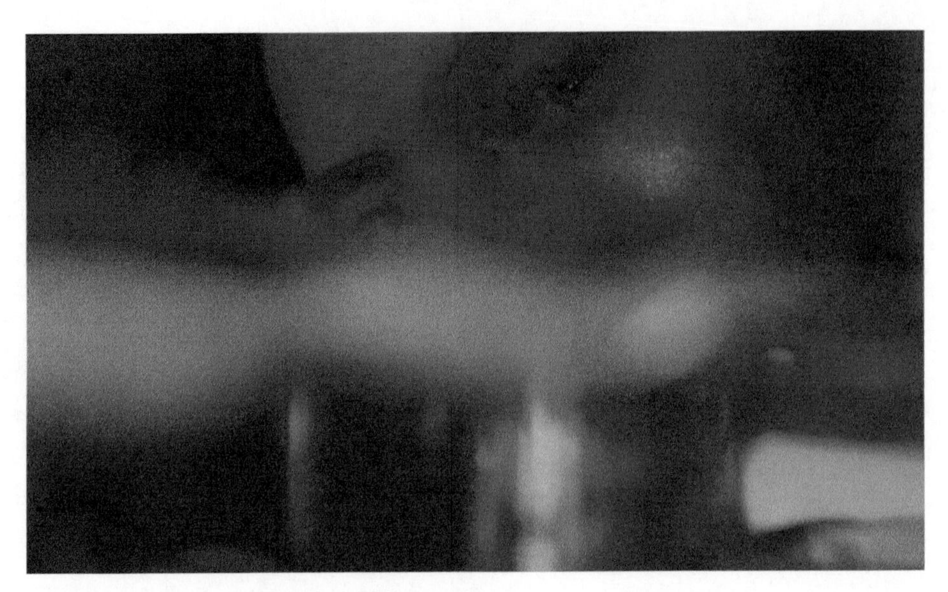

图 3-6 利用彩色灯和鱼缸营造出的虚实氛围

3.2 与演员沟通脚本

导演是通过脚本讲故事的人，导演的想法需要通过演员的表演来表达。演员除了要接受导演的指导和脚本的要求以外，还要通过自己对人物的分析创造出真实可信的角色。演员和导演都必须留出独自创作的空间，将合理的想法和见解加入角色和故事情节中。

导演对演员的引导，也可以理解为导演如何给演员说戏。作为演员，无论是否科班出身，拿到脚本后的前期准备工作也一定要做好。

- 熟读脚本，了解人物关系、故事情节，做好人物分析。
- 准备多种表演方式，在拍摄时，可让导演从中选择最符合的一个。

在拍摄的时候，导演要引导演员进行表演，尽最大可能让演员理解所扮演的人物，明白到什么地方该做什么事情，该怎么做，为什么这么做，做了以后会出现什么效果，这便是拍摄执行中的调度。导演在给演员说戏的时候，需要清楚地让演员了解这么做的目的，从而自然地进行表演。对于有台词的短视频，导演需要让演员清楚每句话应该用什么样的语气，哪些词应该着重强调，每句话要传递的信息是什么。

在正式拍摄前，导演会让演员现场走一遍戏，走戏能提前发现问题，让演员和各部门提前做好各种准备。导演和摄像师可以通过走戏知道演员有可能会演成什么样，能拍成什么样，如何用摄像机去帮助演员，如何通过调度来使每一场戏达到所需的效果。除此之外，导演还需要给演员留一些自己创作的空间，千万不要机械地让演员表演，而是要注重用剧情和情节来引导演员。

此外，导演也可以听听演员对角色和表演的意见，对于比较好的意见应采纳。演员不是服务于导演的工具，演员是有思想的表达者，导演和演员都需要有这个概念。

3.3 开拍时应注意的问题

终于等到这一刻了，那正式开拍的时候要注意什么呢?

1. 纠正和减少视差

产生视差的原因主要是摄像机的取景器与镜头不在同一视平线上，往往是取景器的位置高，镜头的位置低。

拍摄时可以在取景聚焦完成之后，把摄像机稍往上移动一点，凭经验减少视差。

2. 控制预算

预算是整个项目从开始到结束一直需要把控的。拍摄期间，除了人工费用的支出，场地费用也是一项很大的支出。预算再低也要用到拍摄场地，我们可以尽量找免费的场地，因为场地费一般都不便宜，拍摄期间出现任何问题都可能导致拍摄时间延长，这样一来费用就噌噌地上去了。

可以在拍摄前制作拍摄计划表、预算表，严格控制每个场次的拍摄时间，督促拍摄按进度进行。

3. 具有应变能力

在实际拍摄时，可能出现各种突发状况，如天气骤变、在拍摄外景时被驱赶、因他人延误拍摄、器材突发故障等。这些都会导致拍摄无法顺利进行，因此有解决问题的能力也很重要。

拍摄前应多检查几遍器材，确保有备用电池、备用存储卡。转场时应清点器材，到达约定时间前提醒项目重要成员，确保其不会迟到。如因天气耽搁外景拍摄，应及时启用备用拍摄计划，如先拍摄另外的场景。应提前与场地工作人员联系并报备拍摄项目，保证拍摄时不会被阻挠。

3.4 镜头拍摄技巧剖析

对新手来说，可能真正开机了又会有些迷茫。镜头的运动和机位到底要怎么处理？镜头是影视创作的基本单位，一个完整的影视作品是由一个个的镜头组成的，离开独立的镜头，也就没有影视作品。短视频也是由多个镜头组合而成的，镜头的应用技巧直接影响作品的最终效果。

接下来我们从固定镜头、运动镜头、转场镜头、双人镜头、变焦 / 虚焦镜头、越轴镜头、情绪镜头这几个方面一一剖析。

3.4.1 固定镜头

固定镜头是指摄像机位置、镜头光轴和焦距都固定不变的一种造型方法，是所有视频中传达情绪最常用的一种拍摄方式。

1895 年 12 月 28 日，卢米埃尔兄弟在巴黎大咖啡馆公开放映了他们拍摄的电影《火车进站》。这部影片只有一个固定镜头，拍摄的是驶进站台的火车，却将观众吓得四散奔逃。卢米埃尔兄弟的其他几部电影（如《工厂大门》《水浇园丁》《婴儿喝汤》等）也都是用一个固定镜头拍摄完成的。

侯孝贤导演也非常爱用固定镜头，他的固定镜头常带给观众愉悦、节制又妙趣横生的观影体验。侯孝贤的镜头是一种静止的“凝视”，是生活化的表现。历史上，泰伦斯 · 马力克的《天堂之日》和库布里克的《巴里 · 林登》雄心勃勃地想用固定镜头重现古典油画的效果。电影史上，也有像史蒂夫 · 麦奎因的《饥饿》中长达 17 分钟的固定镜头。

一个镜头是否固定，其规律是不可寻的，完全取决于导演的内在情绪和创作思路，如图 3-7 所示。

| **图 3-7 固定镜头**

3.4.2 运动镜头

在影视作品中，处于静止状态的镜头是不多见的，更多的是运动镜头。

一个运动镜头由起幅、运动和落幅构成。为了方便后期编辑，运动画面的起幅和落幅要停留 5 秒以上。

运动镜头主要包括推、拉、摇、移、跟、升降、甩。

1. 推镜头

推镜头实现的方法有两种：机位移动，沿直线接近被拍摄主体，如图 3-8 所示；机位不动，焦距由短变长，如图 3-9 所示。

图 3-8 沿直线接近被拍摄主体

图 3-9 焦距由短变长

推镜头画面的特征（两种推镜头的共性）

推镜头会形成视觉前移效果。从画面来看，画面向被拍摄主体接近，画面视点前移，形成较大景别向较小景别连续递进的过程，具有大景别转换成小景别的各种特点，如图 3-10 所示。

图 3-10 推镜头形成的视觉前移效果

推镜头具有明确的主体目标（推进的方向和最终落点、落幅是强调的重点）推镜头向前的运动不是漫无边际的，它具有明确的推进方向和终止目标，最终所要强调和表现的是被拍摄主体，这个主体决定了镜头的推进方向，如图 3-11 所示。

图 3-11
《火锅英雄》推镜头

使用推镜头时，画面的景别连续变化、视觉前移、有前进目标、主体变小、环境变大。观看移动机位的推镜头时，随着摄像机不断向前运动，观众会产生视点前移、身临其境的感觉，透视感加强。变焦距推镜头很难使观众产生身临其境的感觉，由于视角收缩有拉近主体的作用，因此画面的透视感减弱，纵向空间被压缩。

推镜头的作用和表现力

突出主体人物，突出重点形象。推镜头在将画面推向被拍摄主体的同时，取景范围由大到小。随着次要部分不断移出画外，所要表现的主体部分会逐渐放大并充满画面，因此具有突出主体人物、突出重点形象的作用。

突出细节，突出重要的情节。推镜头能在一个镜头中从特定环境中突出某个细节或重要情节，使镜头更具说服力。

在一个镜头中介绍整体与局部、客观环境与主体人物的关系。推镜头能够在一个镜头中既介绍环境又表现特定环境中的人物，还能介绍整体与局部的关系。推镜头表现的是画面整体与局部，有强调全局中的局部，表现特定环境中特定人物的作用。

推镜头在一个镜头中不断变化景别，有连续前进式蒙太奇的作用。前进式蒙太奇组接是一种大景别逐步向小景别跳跃递进的组接方式，它对事物的表现有步步深入的效果（蒙太奇在影视中的含义为剪辑，蒙太奇理论是把两个镜头剪辑到一起以产生第三种含义）。

在推镜头时需要注意以下几点

推镜头应有其明确的表现意义。推镜头中的景别由大到小，对观众的视线既是一种限制也是一种引导。这种形式本身就具有明显的表现性，因此推镜头应该通过画面的运动给观众某种启迪，引起观众对某个事物的注意，表现某种意念，突出某个细节；或通过镜头的推进运动形成与情节发展相对应的节奏。

落幅是重点。推镜头的起幅和落幅都是静态结构，因此画面构图要规范、严谨、完整，特别是落幅画面应根据视频内容的要求停留在适当的景别，并将被拍摄主体放置在最佳结构点上。起幅要留有足够的时间，镜头的运动要保证稳、准、匀、平，落幅的景别、主体位置、对焦、人物的状态和情绪等要准确。

在镜头推进的过程中，应始终注意保持被拍摄主体在画面结构中心的位置。这样在后期编辑时，无论在什么位置剪断镜头，屏幕上都是一幅结构完整、平衡的画面。若被拍摄主体在侧面或者其他位置，则容易造成失重的感觉。推拍要求镜头在推进的过程中，画面中心点要边推边向落幅中心点靠拢，始终保持被拍摄主体在画面中的优势位置。

镜头的推进速度要与画面的情绪和节奏一致。一般来讲，画面情绪紧张、主体运动快时，镜头的推进速度应快一些；画面情绪平静、主体运动慢时，镜头的推进速度应慢一些。力求使画面外部的运动与画面内部的运动对应，实现一种完美的结合，但有时也有反衬的情况。

应注意画面焦点的变化。在移动机位的推镜头中，画面焦点要随着机位与被拍摄主体之间距离的变化而变化（跟焦）；用变焦距的方式拍摄推镜头时，应以落幅画面中的主体为基准调整画面焦点。除此之外，移动机位推镜头时，要注意随时跟焦，在主体要走出前景的时候及时聚焦。

2. 拉镜头

实现拉镜头的方法有以下两种：机位移动，沿直线远离被拍摄主体，如图 3-12 所示；机位不动，焦距由长变短，与图 3-9 相反。

图 3-12　两种拉远示例

拉镜头的画面特征

拉镜头会形成视觉后移效果。在镜头向后运动或拉出的过程中，画面从某一主体开始逐渐退向远方，画面视点后移，具有小景别连续转换成大景别的各种特点。

拉镜头使被拍摄主体由大变小，周围环境由小变大。拉镜头由起幅、拉出、落幅 3 个部分构成。画面从被拍摄主体开始，随着镜头的拉开，被拍摄主体在画面中由大变小，环境则由小变大，画面的纵向空间逐渐展开。落幅中原主体的视觉表现力减弱，环境因素对画面的影响加强。

拉镜头的作用与表现力

拉镜头有利于表现主体和主体所处环境的关系。拉镜头有表现点与面、主体与环境、局部与整体的关系的作用，并能强调主体所处的环境。

拉镜头可以通过纵向空间和纵向方位上的画面形象形成对比、反衬或比喻等效果。纵向即摄像机与被拍摄主体之间的方向，通过表现环境与被拍摄主体的差异，被拍摄主体的情绪或状态变化等来实现不同的拍摄效果。

拉镜头在一个镜头中连续变化景别，保持了画面表现时空的完整和连贯。拉镜头的连续景别变化有连续后退式蒙太奇的作用，并且由于拉镜头表现时空的完整和连贯，因此它在画面表现上比蒙太奇更具真实性。

拉镜头内部节奏由紧到松，与推镜头相比，更能发挥感情上的余韵，产生许多微妙的感情色彩。拉镜头的起幅画面往往使主体形象鲜明突出，有先声夺人的艺术效果，随着镜头的拉开，画面越来越开阔，相应地表现出一种“豁然开朗”的感情色彩。

拉镜头常被用作结束性和结论性的镜头。拉镜头画面表现出的空间的扩展能反衬出主体事物的远离和缩小，从视觉感受上来说，往往有一种远离感、谢幕感、退出感、凝结感和结束感，因此这样的镜头适合在段落的结尾使用。要注意，领导深入群众的片段不适合用拉镜头。

拉镜头适合作为转场镜头。从特写到全景的拉镜头，由于其起幅的特写画面的背景空间具有不确定性，因此它经常在电视剧等节目中被用作转场镜头，它使得场景的转换连贯而不跳跃，流畅而不突兀。

拉镜头除镜头运动的方向与推镜头相反外，其在技术上应注意的问题与推镜头大致相同，二者有着基本一致的创作规律和一般要求。

3. 摇镜头

摇镜头的画面效果犹如人们转动头部环顾四周或将视线由一点移向另一点的视觉效果。

当不能在单个静止画面中包含所有想要拍摄的景物时，例如在拍摄开阔的视野，群山、草原、沙漠、海洋等宽广又深远的景物时，摇拍就会发挥其独特的表现力。在拍摄运动的物体时，如一群在海滩上奔跑的孩子，就需要摄像师利用摄像机的水平摇动来表现孩子们活泼、欢快的形象。

摇镜头常用于表现两个对象之间的内在联系，如果将两个对象分别安排在摇镜头的起幅和落幅中，通过镜头的摇动将它们连接起来，这两个对象的关系就会被镜头运动形成的连接显示出来。

一个完整的摇镜头包括起幅、摇动、落幅，如图 3-13 所示。

图 3-13
摇镜头

摇镜头的运动使画面内容不通过编辑就发生了变化。

- 画面变化的顺序就是摄像机摇过的镜头的顺序。
- 画面的空间的排列是现实空间的原有排列，它不分割或破坏现实空间的原有排列，而是通过自身的运动还原这种排列。

因此，摇镜头记录的空间是真实的、客观的。

摇镜头的作用和表现力

展示空间，扩大视野。由于视频画面空间的局限，其对于一些宏大的场面和景物的表现显得力不从心。摇镜头通过摄像机的运动将画面向四周扩展，突破了画面的空间局限，创造了视觉张力，使画面更加开阔，周围景物尽收眼底。尤其在一些风景类影片中，第一个镜头多为远景摇拍，画面中群山环抱，云海连绵，一下子就将观众的情绪带到特定的故事氛围中。

有利于通过小景别画面包容更多的视觉信息。摇镜头中的造型元素具有自然流畅的更迭转换方式，有利于通过小景别画面包容更多的视觉信息。对于超宽、超广的物体，特别是中间有障碍物，不能靠近拍摄的场景可用横摇的方式拍摄；对超高、超长的物体或场景可用纵摇的方式拍摄，这样能够完整而连续地展示其全貌。

介绍、交代同一场景中两个物体的内在联系。生活中许多事物经过一定的组合后，会建立某种特定的关系。这些关系如果一起放在一个大视野中，并不容易引起人们的注意，而用摇镜头将它们分开再合成表现时，常常在形式上可以起到提醒人们注意的作用，进而建立起前后关系。人们很容易从中体会出创作者的表现意图，并随着镜头的运动进行思考。创作者通过后面的物体对前面的物体的进一步说明来引导观众的思路。

在拍摄性质、意义相反或相近的两个主体时，可通过摇镜头把它们连接起来表示某种暗喻、对比、并列、因果关系。如同对列蒙太奇的表现性组接一样，把生活中富有对比因素的两个单独形象连接起来，这样表现的意义远远超出了两个单独形象本身的意义，这种拍摄方式比单独拍摄两个场景来表现事件具有更强的纪实力量。

用追摇（跟摇）的方式表现运动主体的动态、动势、运动方向和运动轨迹。用长焦距镜头在远处追摇拍摄一个运动物体时，镜头摇动的方向、角度、速度均以这个被拍摄物体为主，被拍摄物体朝哪运动，镜头就摇向哪方，被拍摄物体移动快，镜头摇动也快，用此方法可将被拍摄物体相对稳定地置于画框内的某个位置。这种摇镜头可以使观众在一段时间里看清运动物体的动态、动姿和动势，常见于表现运动场景的电影、电视剧或者运动赛事直播中。对一组相同或相似的画面主体，用摇拍的方式让它们逐个出现，可产生一种积累的效果。

展现主观性。在镜头组接中，如果前一个镜头表现的是一个人环顾四周的场景，下一个镜头所表现的空间就是前一个镜头里的人所看到的空间。此时摇镜头表现了人物的视线而成为一种主观性镜头。另外，画面从主体人物离开，摇向主体人物所注视的空间，这种摇镜头也表现了人物的某种视线，同样具有主观镜头的作用。

用摇镜头摇出意外之物，制造悬念，在一个镜头内形成视觉注意力的起伏。观众对电视节目的观看不完全是被动的，时常会主动地通过联想对画面中未出现的事物进行猜测。当摇镜头拍摄到观众预料之外的事物时，观众的猜想就会被阻断，随之而来的是对意外之物的注意和疑问，形成悬念，引发兴趣。例如，悬疑片中通常在交代环境的摇镜头中穿插了重要线索，此时镜头摇过再返回线索处并停住，或者直接落幅在重要的线索上都可以制造出意料之外的感觉。

利用非水平的倾斜摇、旋转摇，能表现一种特定的情绪和气氛。视觉经验告诉我们，如果想使画面具有包含倾向性的张力，最有效和最基本的手段就是让画面倾斜。倾斜可以破坏观众欣赏画面时的心理平衡，造成一种不稳定感、不安全感。同时，倾斜也可以营造一种欢快、活跃的气氛。倾斜的画面加上摇动的效果，不稳定、不平衡的感觉会更为强烈。例如，诺兰的电影《盗梦空间》《星际穿越》等就经常用到这种拍摄方式。

4. 移镜头

移动拍摄是以人们的生活感受为基础的。从左往右的移镜头如图 3-14 所示。

图 3-14 移镜头

拍摄时机位发生变化，边移动边拍摄的方式称为移镜头，即把摄像机安装在移动轨或升降机上，或为其配上滑轮进行滑动拍摄，形成一种富有流动感的拍摄方式。

移镜头的语言与摇镜头十分相似，不同的是摇镜头中机器是不动的，而移镜头中机器是跟随镜头一起移动的，它的视觉效果会更强烈，一般出现在影视大片、体育节目、MV 中。移镜头拍摄的画面中不断变化的背景使镜头表现出一种流动感，使观众产生一种置身其中的感觉，增强了画面的艺术感染力。移镜头通常由水平方向向左、右、前、后移动。

移镜头的作用和表现力

移镜头通过摄像机的移动，开拓了画面的造型空间，创造出独特的视觉艺术效果。在画面造型上，它利用镜头的纵向运动，在运动中展示出不仅有长和宽的变化还有纵深变化的立体空间，形成一种强烈的时空变化感。常见的移镜头可参考在移动的车上拍摄窗外风景的镜头。

5. 升降镜头

摄像机借助升降装置一边升降一边拍摄的方式叫升降拍摄，用这种方式拍摄的画面叫升降镜头。

升降镜头的画面造型特点

- 升降镜头的升降运动带来了画面视域的扩展和收缩。
- 升降镜头视点的连续变化形成了多角度、多方位的多构图效果。

升降镜头的功能和表现力

- 有利于表现高大物体的各个局部。
- 可以表现纵深空间中的点面关系。
- 升降镜头常用来展示事件或场景的规模、气势和氛围。
- 利用镜头的升降，可以实现一个镜头内的内容转换与调度。
- 升降镜头的升降运动可以表现出画面内容中感情状态的变化。

图 3-15 所示的镜头从左至右为升镜头展示，反之则为降镜头。

图 3-15 《白日梦想家》中的升镜头

6. 甩镜头

甩镜头与人们的视觉习惯十分类似，如同我们在观察事物时突然将头转向另一个事物。甩镜头可以强调空间的转换和同一时间内在不同场景中发生的事情，这种拍摄手法常用于表现内容的突然过渡。

在一个稳定的起幅画面后，极快地摇转镜头，使画面中的形象全部虚化，以形成具有特殊表现力的甩镜头（闪摇、急速摇），如《花样年华》中张曼玉与梁朝伟在餐桌上聊买包和领带时用的镜头，还有《爱乐之城》中女主角在酒吧里听男主角唱歌时用的镜头。

实现甩镜头的另一种方法是专门拍摄一段向所需方向甩出的流动影像镜头，再将其剪辑到前后两个镜头之间，如图 3-16 所示。

图3-16
流动影像镜头

7. 跟拍镜头

跟拍是指摄像机始终跟随运动的被拍摄主体一起运动并进行拍摄，用这种方式拍摄的镜头称为跟拍镜头。

跟拍镜头大致可以分为前跟、后跟（背跟）、侧跟 3 种情况。

前跟是指从被拍摄主体的正面拍摄，也就是摄像师倒退拍摄，后跟和侧跟是指摄像师在人物背后或旁边跟随拍摄。

跟拍镜头的画面特点

跟拍镜头的画面始终跟随一个运动的主体。被拍摄主体在画面中的位置相对固定，环境背景始终处于运动变化中，人们对主体所处的环境有清楚的了解。使用跟拍镜头的目的是通过稳定的景别形式，使观众与被拍摄主体的视点、视距保持相对稳定，让被拍摄主体的运动保持连贯，进而有利于展示被拍摄主体在运动中的动态、动姿和动势。

跟拍镜头的作用

从人物背后跟随拍摄的跟拍镜头，由于观众与被拍摄人物的视点统一，可以表现出一种主观性。

摄像机后跟方式拍摄的跟拍镜头中，镜头表现的视线方向就是被拍摄人物的视线方向，画面表现的空间就是被拍摄人物看到的视觉空间。这让观众的视点来到画面内，跟着被拍摄人物移动，从而使观众体验到强烈的现场感和参与感，后跟方式在纪实类节目中经常被使用。

跟拍镜头跟随被拍摄对象一起运动，形成一种运动的主体不变，静止的背景变化的效果，有利于通过人物引出环境。

跟拍镜头能够连续而详尽地表现处于运动中的被拍摄主体，它既能突出主体，又能交代主体的运动方向、速度、体态及其与环境的关系。

跟拍镜头对人物、事件、场面的跟随记录的表现方式，在纪实类节目和新闻类节目的拍摄中有着重要的意义。跟拍镜头中，被拍摄人物的运动直接左右摄像机的运动，摄像机跟随被拍摄人物的拍摄方式，体现了一种摄像机的运动是由人物的运动而引起的被动记录的表现方式。

跟拍镜头的表现方式，不仅使观众置身于事件之中，成为事件的“目击者”，还表现出一种客观记录的姿态。它使我们从画面造型上感觉到摄像师在事件现场，不是事件的策划者和组织者，而是事件的旁观者和记录者。尽管摄像机是运动的、活跃的，但表现的方式是追随式的、被动的，恰当而有力的表现方式，能让观众对这条新闻所报道的事件确信无疑，如图 3-17 所示。

图3-17
跟拍镜头

3.4.3 转场镜头

转场即视频场景的过渡，指段落与段落、场景与场景之间的过渡或转换。

转场可分为两种：无技巧转场和技巧转场。

1. 无技巧转场

无技巧转场是指用镜头的自然过渡来连接上下两段内容，主要适用于蒙太奇镜头段落之间的转换和镜头之间的转换。与情节段落转换时强调的心理的隔断性不同，无技巧转换强调的是视觉的连续性。并不是任意两个镜头之间都可应用无技巧转场，运用无技巧转场需要注意寻找合理的转换因素和适当的造型因素。无技巧转场的方法主要有以下几种。

两极镜头转场

前一个镜头中的景别与后一个镜头中的景别恰恰是两个极端。如果前一个是特写，后一个则是全景或远景；如果前一个是全景或远景，后一个则是特写，如图 3-18 与图 3-19 所示。

效果：强调对比。

图 3-18 特写镜头

图 3-19 远景镜头

同景别转场

前一个场景结尾的镜头与后一个场景开头的镜头中的景别相同。可以使观众将注意力集中，场景过渡衔接紧凑。

特写转场

无论前一组镜头的最后一个镜头是什么，后一组镜头都从特写开始。其特点是对局部进行突出强调和放大，展现一种平时在生活中用肉眼看不到的景别，因此也被称为“万能镜头”和“视觉的重音”。

声音转场

用音乐、解说词、对白等与画面配合实现转场。利用解说词承上启下是影视编辑中的基础手段，也是转场的惯用方式。从转场的效果看，声音转场的作用有以下几种。

利用声音过渡的和谐性自然转换到下一段落。其中主要方式是声音的延续、声音的提前进入、前后段落中声音相似部分的叠化。

利用声音的吸引作用，弱化画面转换、段落变化时的视觉跳动感。例如，在一个歌唱活动中，前一个镜头是选手在台上唱歌，全场鼓掌，后一个镜头是选手回忆在私下练习的时候有朋友在旁边鼓励，这样的转场很好地结合了回忆部分，让故事衔接得更自然。在这里，转场镜头和转场声音起到了承上启下的作用，过渡清楚，段落分明，同时依靠相似的声音使转换自然，也渲染了活动现场热烈的气氛。

利用声音的呼应关系实现时空的大幅度转换。最经典的莫过于电影《盗梦空间》中，主角利用音乐从梦境回到现实，从现实陷入迷思的片段。

利用前后声音的反差，加大段落间隔，加强节奏性。其表现常常是某声音戛然而止，镜头转换到下一段落；或者后一段落的声音突然增大或出现，利用声音促使人们关注下一段落。例如，上一段落是一个人在家安静地沉思，下一段落是热闹的赛场上的比赛，突如其来的比赛现场的嘈杂声直接反映了该段落的性质，镜头直接切入比赛现场。

空镜头转场

空镜头是指以刻画人物情绪、心态为目的的只有景物、没有人物的镜头。空镜头转场具有一种明显的间隔效果。

景物镜头大致包括以下两类。

一类是以景为主，以物为陪衬，如群山、山村、田野、天空等。用这类镜头转场既可以展示不同的地理环境、景物风貌，又能表现时间和季节的变化，如图 3-20 与图 3-21 所示。

图 3-20　植物空镜头

图 3-21
远景空镜头

纪录片会经常利用四季更替时农作物、环境的变化来转换段落，并且将其作为结构性元素使用，将故事发展的各个环节有机地串联在一起。

景物镜头是借景抒情的重要手段，它可以弥补叙述性素材本身在表达情绪上的不足，为情绪的抒发提供空间，同时又使高潮情绪得以缓和、平息，从而转入下一段落。

另一类是以物为主，以景为陪衬的镜头，如在镜头前飞驰而过的火车、街道上的汽车、建筑、雕塑等。一般来说，常选择在这些镜头挡住画面或处于特写状态的时候作为转场时机。例如，火车从远处飞驰而来并逐渐占据整个画面的时候，此时可作为转场时机。其作用是渲染气氛，刻画心理，有明显的间离感。另外，也为了满足叙事的需要，表现时间、地点、季节的变化等。

遮挡镜头转场

所谓遮挡是指镜头被画面内的某形象暂时挡住，根据遮挡方式的不同，遮挡镜头转场大致可分为以下两类情形。

一类是主体迎面而来遮挡住摄像机镜头，形成暂时的黑画面。

另一类是前景暂时挡住画面内其他事物，成为覆盖画面的唯一形象。例如，在大街上，前景中闪过的汽车可能会在某一时刻挡住其他事物。

当画面被遮挡时，即为镜头切换的时机，它通常表示时间、地点的变化。

用主体遮挡镜头通常在视觉上能给人较强的冲击，同时制造视觉悬念，加快画面的叙事节奏。一个典型例子是前一段落在甲地点的主体迎面而来遮挡住镜头，下一段落主体背朝镜头而去，场景已切换到了乙处。

在影视片中，尤其是电视剧中，前景遮挡转场的运用较为普遍。在电影《穿Prada的女王》中有这么一段内容：逐渐变成业界精英的女主角在穿衣打扮上也有了很大的改变，上班途中过马路时穿的是一套衣服，车开过遮挡住她，然后再出现时穿的又是另一套衣服，通过这样的转场方式女主角接连换了好几套衣服。

此方法也经常用在主角长大的情节中，从几岁的小孩变成十几二十岁的青少年。

相似体转场

相似体转场指前后两个镜头中具有相同或相似的主体形象，或者镜头中的物体形状相近、位置重合，在运动方向、速度、色彩等方面具有一致性，以此来达到视觉连续、转场顺畅的目的。

这样的例子在影视片中有很多。电视剧《丹麦交响曲》的剪辑效果非常流畅，这在很大程度上得益于其大量采用相似的直接切换转场，例如从切割机将木头切割成块，再拼接成木地板的镜头，转换到排练厅内的木地板特写镜头，再转换到人们在木地板上排练的镜头等，如图3-22所示。

图3-22 《丹麦交响曲》转场

事实上，在纪录片或新闻报道中，也经常用到这样的转场方式，例如上一个镜头是果农在果园里采摘苹果，下一个镜头是果农挑选苹果的特写，然后又转换到了农贸市场。又如利用形似物体转场，如飞鸟与飞机，甲壳虫与汽车等。

地点转场

地点转场能实现场景的转换，比较适合新闻类节目。根据叙事的需要，不用顾及前后两个画面之间是否具有连贯因素，可以直接切换。

运动镜头转场

运动镜头转场分为几种情况：摄像机不动，主体运动；或者摄像机运动，主体不动；或者两者同时运动。

利用摄像机的运动来完成地点的转换，或者利用前后镜头中人物、交通工具等的动势的可衔接性和动作的相似性作为场景或时空转换的手段。

使用这样的转场技巧时，由于运动具有冲力和连贯性，一旦找准前后镜头中主体动作的剪接点，场景的转换就会非常顺畅。这种转场方式大多用于强调前后段落的内在关联性。

摄像机运动本身就可以体现一种空间的调度关系，因此在前期拍摄时就可以加以设计。例如，从一组代表了历史故事的画像摇拍到采访者身上，历史故事的讲述也随之转入对当事人的采访；从小院内景摇拍至院外高楼，由此转换了空间；从走廊上正在下棋的人群移动镜头拍摄房间内正在学习的人；由某形象摇拍至天空。这样的方式通常意味着上一段落的明确结束，段落间隔较明显。

这样的转场真实、流畅，可以连续展示一个又一个的空间场景，是纪实类纪录片创作中的有力“武器”。

同一主体转场

同一主体转场是指镜头跟随被拍摄主体不变，被拍摄主体所处的时间、空间发生变化的转场方式。

前一个场景的最后一个镜头是被拍摄主体走出画面，后一个场景的第一个镜头是被拍摄主体走入画面，前后两个场景用同一个被拍摄主体来衔接，使镜头之间有一种承接关系。

出画 / 入画转场

前一个场景的最后一个镜头是被拍摄主体走出画面，后一个场景的第一个镜头是被拍摄主体走入画面。

在图 3-23 和图 3-24 中，女主角在上一个镜头中奔跑出画后，紧接着又在下一个镜头中奔跑入画，这样的两个镜头的衔接更有连贯性和故事性。

图 3-23　出画镜头

图 3-24　入画镜头

主观镜头转场

主观镜头是指根据人物视线方向所拍摄的镜头。用主观镜头转场就是按前后镜头间的逻辑关系来处理场景的转换，它可用于实现大时空转换，大时空转换指的是转场后的画面接的是与之前时间、场景不同的画面内容。

前一个镜头是人物看向某处，后一个镜头是人物所看到的场景。这种转场具有一定的强制性和主观性。例如，前一个镜头是人物抬头凝望，后一个镜头可能就是人物所看到的场景，甚至是完全不同的事物、人物，如一组建筑、一段回忆等。

逻辑因素转场

前后镜头具有因果、呼应、并列、递进、转折等逻辑关系，这样的转场合理自然，有理有据，在电视剧、广告片中运用较多。

摇镜转场

摇镜转场是指摄像机的位置不变，通过镜头变动的方式调整拍摄角度，进而实现被拍摄主体的切换或者被拍摄主体的视野变化。

其实现方法为：在录制视频时，摇动镜头定向拍摄，然后再次摇动镜头并结束拍摄，依次类推，重复多次，最后进行拼接。

摇镜转场的关键在于前一条素材结束时的摇动方向要和后一条素材开始时的摇动方向一致，这样才能无缝衔接，给人一种自然转换的流畅感。

2. 技巧转场

技巧转场是通过电子特技切换台或剪辑软件中的特殊技巧，对两个画面进行剪辑和特技处理，完成场景转换的方法，一般包括淡入 / 淡出、叠化、划像、定格、多画屏分割和字幕等转场。

淡入 / 淡出转场

短视频中最常用的技巧转场效果就是淡入 / 淡出，它使画面溶解到黑色画面中或从黑色画面中溶解出来。

淡出是指上一段落最后一个镜头的画面逐渐隐去直至黑屏，淡入是指下一段落第一个镜头的画面逐渐显现直至正常。实际编辑时，应根据短视频的情节、情绪、节奏的要求进行选择。有的影片中淡出与淡入之间还有一段黑场，以给人一种间歇感。

叠化转场

叠化是指前一个镜头的画面与后一个镜头的画面相互叠加几秒后，前一个镜头的画面逐渐暗淡隐去，后一个镜头的画面逐渐显现并清晰的过程。一般用来表现空间的转换和明显的时间过渡。

叠化转场往往可以抒发情感，甜蜜、幸福、悲伤、忧郁、快乐等都可以通过叠化转场来表现。一般转场运用正常叠化即可，如果想要表达强烈的情感，可以适当调节叠化速度。当镜头质量不佳时，也可以借助这种转场来掩盖镜头的质量缺陷，如图 3-25 所示。

图 3-25　叠化转场

划像转场

划像是指两个画面之间的渐变过渡。划像转场分为划出与划入，划出指的是前一画面从某一方向退出，划入指的是下一个画面从某一方向进入。常用的划像方式有划像盒、十字划像、圆形划像、星形划像和菱形划像等。需要注意的是，因为划像的效果非常明显，所以划像一般用于转换两个内容或意义差别较大的段落，类似效果如 PPT 中的页面切换动画效果。

定格转场

定格转场是指对上一段落的结尾画面做静态处理，使人产生瞬间的视觉停顿，接着出现下一个画面的过程。这种转场适用于不同主题的段落间的转换，早期的香港电影中经常用到定格转场。

多画屏分割转场

这种转场技巧有多画屏、多画面、多画格和多银幕等多种叫法，是近代影视艺术的新手法。多画屏分割转场会把画面一分为多，可以使情节从多头推进，大大地缩短了时间，非常适用于表现电影开场、广告创意等，如图 3-26 所示。

图 3-26　多画屏分割转场

字幕转场

字幕转场是指通过字幕交代前一段故事结束后发生的事情，可以清楚地交代时间、地点、故事背景、故事情节、人物关系，让观众一目了然，如图 3-27 所示。

图 3-27　字幕转场

除此之外，还有一些常用的转场效果，读者可在剪辑软件 Premiere 里查找使用，也可下载一些特殊转场效果的插件，找到符合自己视频风格的转场方式。

3.4.4　双人镜头

顾名思义，双人镜头里仅包含两个人物。尽管从技术层面上看，只要是仅包含两个人的镜头就可以称为双人镜头，但双人镜头一般都是中全景、中景或中特写镜头。

双人镜头常见的用法是作为两个人对话时的主镜头，有时单独使用，有时与其他景别的镜头组合使用，以突出对话过程中的戏剧性动作。

双人镜头中人物的调度可以作为生动展示人物关系的叙事点。这对包含多个人物的镜头，如多人镜头等也是适用的，但对双人镜头尤为重要。原因是如果画面中只有两个人，那这两个人必定存在某种关系，观众会对二人进行对比、审视，如图 3-28 和图 3-29 所示。

图 3-28
中全景双人镜头

图 3-29
中景双人镜头

如果双人镜头为中景或全景，则两个人物的肢体语言也可以展示他们之间的特定关系。在对话场景中，当只采用双人镜头时，观众会对这场戏进行“剪辑”，他们会根据对话内容或人物的表演，在两人之间来回切换自己的关注点。

其中的差异看上去似乎并不大，但可能会严重影响观众对故事的投入程度。如果组合使用不断收缩景别的镜头，按照故事进展将正在发生的、有意义的事情剪辑到一起，观众就会处于被动接受的状态。若画面保持不变，不进行任何剪辑，观众就会变得更主动，会不断地去挖掘画面中的戏剧张力，著名电影理论家安德烈 · 巴赞将这种现象称为“场面调度美学”。

使用双人镜头并改变摄像机的位置，我们可以引导观众的情绪和感受。

3.4.5 变焦 / 虚焦镜头

变焦镜头是指不改变机位只改变焦距的镜头。通过只改变焦距来改变视角大小，给观众带来逼近或远离主体的感觉。其中的滑动变焦是一种非常有名的拍摄手法，摄像机一边向前推进一边同步使用变焦摄影的方法，让移动目标产生缩放的视觉效果，从而有效地突出画面中的移动目标，这种拍摄方式常见于希区柯克的电影中。

虚焦镜头是指被拍摄主体处于虚化的状态。虚焦镜头所呈现的朦胧、迷离之感，除了蕴含些许诗意，还具有增强情感的作用，如图 3-30 所示。

图 3-30 虚焦镜头

3.4.6 越轴镜头

轴线是指被拍摄对象的视线方向、运动方向和不同对象之间形成的一条假想的直线或曲线，它们所对应的称谓分别是方向轴线、运动轴线、关系轴线。在进行机位设置和拍摄时，要遵守轴线规律，即在轴线的一侧设置机位，不论拍摄多少镜头，摄像机的位置和角度如何变化，镜头的运动如何复杂，从画面来看，被拍摄主体的运动方向和位置的关系总是一致的，否则就称为“越轴”或“跳轴”。越轴的情况时有发生，而且很多导演在进入剪辑流程之前并不会注意到这种情况。

越轴会使人在时空分割或者运动的过程中产生非现实的感觉。

轴线规律一直是影视编辑中难以掌握的知识，也是初学摄像的人常出错的地方。轴线规律是一个专业的摄像师必须掌握的知识。

举个例子，有两位演员 A 和 B，以他们之间的连线为轴线，当摄像机在左边拍摄的时候，再改变机位也只能在左边进行拍摄，若在轴线的右边拍摄，就会让人产生一种跳脱感，如图 3-31 所示。

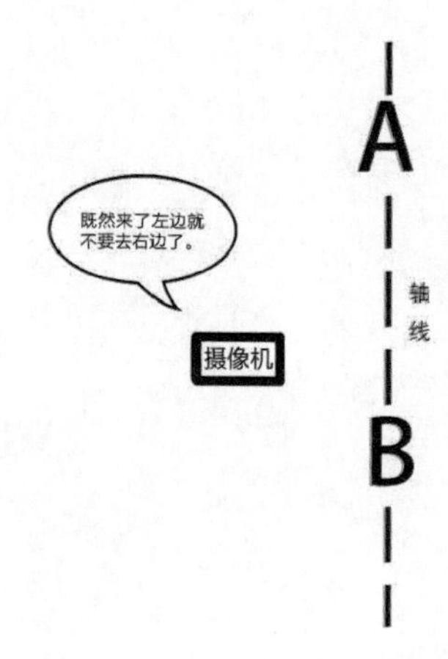

图 3-31 轴线规律

解决越轴问题的方法

- 通过移动镜头将机位移过轴线，在同一镜头内实现越轴过渡，即利用摄像机的运动越过原来的轴线实施拍摄。
- 利用拍摄对象动作路线的改变，在同一镜头内引起轴线的变化，形成越轴过渡。
- 利用中性镜头或插入镜头分隔越轴镜头，以缓和给观众造成的视觉上的跳跃感。
- 在越轴的两个镜头间插入一个被拍摄对象的特写镜头进行过渡。
- 利用双轴线，越过一条轴线，由另一条轴线去完成画面空间的统一。

3.4.7 情绪镜头

情绪镜头并没有固定的运动方式，通常会根据故事的内容、前后镜头及空间的具体情况来调整。通常会使用特写镜头来展示情绪，如图 3-32 所示。

图 3-32 情绪镜头

3.5 录音

录音是指在制作有声视频的各个阶段，把与画面配合的各种声音记录下来的过程。无论是哪个制作阶段录制的声音，在最终制成胶片用的声带时，都既要与画面同步，又要注意整部影片的连续性和完整性。有声电影出现于 20 世纪 20 年代中后期，在发展过程中，人们曾先后采用过机械录音（唱片录音）、光学录音（感光录音）和磁性录音几种方法。

3.5.1 同期声

有些影片在拍摄画面的同时会把现场的声音记录下来，这种方法称为同期录音。有些时候不适合现场录音，如在自然外景声音嘈杂的环境下不便录音，或因演员发音有障碍无法录音时，会采用画面拍成后将音配上去的方法，这种方法称为后期录音。

同期录音是电影录音的一种工艺，其记录的是现场的真实声音，它比后期的配音更自然、逼真，会使影片音效更有现场感。在分场景拍摄画面时，人物在各种环境的表演活动中所发出的声音都很真实。同期声在写实类、动作类的影片中用得比较多，但事实上在影片后期制作的过程中，也会对同期声的效果进行修改、完善，剔除不必要的杂音等，所以同期声也不见得完全真实，只是相对真实而已。

现场录音的好处是演员的声音情感符合当时表演的情境，很多极其细腻的情感在后期是很难配出来的。同期录音的缺点显而易见，如果录音师出现失误或者拍摄环境比较嘈杂，则噪声会很大。后期配音的好处：一在于声音干净，二在于审查中有许多需要规避的词汇，需要后期配音进行修改。后期配音也有局限性，如群戏中，所有人的声音都混在一起，这种声音效果很难用配音实现，除非召集所有演员一起配音。还有就是重场情感戏，需要配音演员去体会当时的情境，这是非常难的，那种微妙的情感在后期是几乎配不出来的。除此之外，还可能出现声音不匹配演员形象的情况。

3.5.2 环境音

环境音是指为增加场景的真实感，在背景中添加的不清晰的人声和其他声音。如街道杂声、人群扰叫声和交通噪声等。环境音可以起到增加场景真实感的作用。环境音分为室内音、气氛音、背景人声 3 种。

室内音。室内音是指录制对白的地方的环境声音。在室内录音时，所有人都要保持安静，需要模拟出视频中的所有原声音。所有在拍摄时使用的器材、道具等均要在原位，以免声音混响有所改变。

后期制作中，室内音会使画面间的连接更加顺畅。如果音轨中突然缺少室内音，就会显得非常突兀。

气氛音。恰到好处的气氛音会为场景带来某些特殊的感觉。例如小溪的潺潺流水声，可为宁静的乡村场景增加一种田园牧歌般的感觉。拥挤、喧闹的街道场景，即使是在摄影棚内拍摄完成的，也需要加上交通噪声。要想获得工厂中机器运作时的噪声，就要在工厂开工的时候录好，因为真正的拍摄很可能在工厂下班之后才进行。和室内音一样，气氛音也是在后期制作时加入音轨中的。

背景人声。背景人声是人物讲话的声音。例如，如果是在摄影棚内搭建的餐厅中拍摄的一个只有几个人的场景，但又想要一种餐厅里人很多的感觉，这时就需要加入背景人声。也可以在餐厅场景中安排很多人，当主角在说台词时，让这些人进行交谈。还可以派一个工作人员，去实地录下真实的餐厅噪声，之后再将声音混合到音轨中。也可以雇用一些演员配出背景人声。在拍摄时，有许多场景，如博物馆里的浏览人群，或盛大的宴会等，都需要这类背景人声。

第4章 不同类型短视频的拍摄技巧

不同类型短视频的拍摄技巧

1 复古港风短视频的拍摄技巧
- 拍摄前的服化道准备
- 场景选择的重要性
- 如何用好手里的器材
- 镜头焦段与景别
- 构图与运镜
- 后期调色小技巧

2 文艺清新短视频的拍摄技巧
- 拍摄前的服化道准备
- 文艺场地的选择
- 器材的选择
- 镜头焦段与景别
- 构图与运镜
- 后期调色小技巧

3 电影感短视频的拍摄技巧
- 拍摄前的服化道准备
- 电影感短视频拍摄场地的选择
- 镜头焦段与景别
- 构图与运镜
- 后期调色小技巧

4 朋友圈15秒短视频的拍摄技巧
- 如何吸引观众的注意力
- 脚本和分镜准备
- 视频结构安排

5 如何快速拍一条广告片般的短视频
- 选择短视频风格
- 脚本和分镜准备
- 安排产品植入
- 优化剪辑包装
- 案例分析

4.1 复古港风短视频的拍摄技巧

香港电影指在中国香港地区制作发行的电影。20 世纪 70 年代的香港电影趋向多元化及本土化，最具代表性的要数邵氏电影。20 世纪 80 年代的香港电影在产量、票房、质量与艺术性上均创造出了惊人的奇迹，形成了庞大的电影工业，代表导演如吴宇森、徐克，代表演员如周润发、张国荣。那时，很多国外的导演都深受香港电影的影响，例如《杀死比尔》的导演昆汀就尤其喜欢邵氏电影和吴宇森导演，也承认自己在作品中对他们的拍摄手法有所借鉴。到了 20 世纪 90 年代，香港电影开始百花齐放，出现了陈嘉上、杜琪峰、王家卫、刘伟强、尔冬升等导演，电影的风格也更加多样化，这一时期的动作片和喜剧片较为突出。到了 20 世纪 90 年代后期，受到各种因素的影响，香港电影逐渐没落，但其浓郁的香港特色依然值得我们回味与学习。

我们所说的复古港风通常指的是香港 20 世纪 80 年代至 90 年代的电影风格，如图 4-1 所示。在港风复古短视频的拍摄中，我们最喜欢参考的又是 20 世纪 90 年代初香港电影的风格。其特点是比 20 世纪 80 年代的香港电影氛围更轻松，结构更加自由，色彩更浓郁，有胶片感，如图 4-2 所示。

图 4-1　模仿 20 世纪 80 年代末香港电影风格的短视频

图 4-2　模仿 20 世纪 90 年代香港电影风格的短视频

具体的风格大家可根据自己的喜好来选择。下面以王家卫风格为例，分析一个短视频从构思到拍摄完成需要注意些什么。

4.1.1　拍摄前的服化道准备

在定好拍摄脚本后，还需要考虑美术问题，即演员的服化道——服装、化妆、道具。

1. 复古妆容

亚光感底妆。近几年流行的女生妆容更偏向有光泽感的底妆，演员的皮肤就像“喝”饱了水一样，能在阳光下反射出自然的光泽。但 20 世纪 80 年代至 90 年代的港风妆容的一大特点就是亚光，不管是底妆还是眼影、修容、口红都具有亚光感。按照这一特点，上完妆后可以再压一层散粉，让妆面更有亚光的效果。

浓密的黑色眉毛。那时候的港星眉毛也各有不同，但不管是细长的弯眉，还是粗平的野生眉，都有一个共同点，就是比较浓密，而且都是黑色。

深邃眼妆。眼影颜色多为大地色，下眼线可以只画下眼睑的前二分之一，也可以涂完整的下眼线，但是眼头部分一定要轻。眼妆比较注重眼部的深邃感的表现，眼线多为全包或半包裹眼线，外眼线不可拉长，重点在于突出整个眼睛的轮廓感。

红唇与唇线。亚光红唇可谓港风的标志了。那时流行饱满的唇形和艳丽的口红。在化妆时，可先用同色系的唇线笔勾勒出唇峰，再用口红进行填补，注意口红质地偏亚光。

蓬松的头发。现在回头看那个年代的港星，会发现一个让很多人都羡慕的特点——发量很多，给人一种自然又健康的感觉。港星大多是直发和大波浪卷发，发色以黑色为主，具有蓬松感和自然的弧度。

港风妆容如图 4-3 所示。

图 4-3
港风妆容

2. 服装搭配

港风人物的造型感比较强，其穿搭的特点在于完整和丰富，从来不缺亮点和层次感。完整的造型具有镜头感，更容易获得关注度和回头率。

百搭白衬衫。白衬衫非常百搭，到现在也不过时。衬衫通常扎进高腰牛仔裤里或者在腰上打个结，建议加一条黑色粗皮带，这是港风最经典的穿法之一，也非常突出气质。

风格代表：巩俐、梅艳芳、张敏。

牛仔外套。牛仔外套也是港风穿搭中不可缺少的单品，内搭一件简单的白 T 恤，一种港式街头风油然而生。

风格代表：王祖贤、朱茵、刘德华。

挂脖连衣裙。性感又优雅的挂脖连衣裙也是港风的标志。

风格代表：钟楚红、邱淑贞。

Oversize 垫肩西装。Oversize 的西装外套是那个时代最具有代表性的服装之一，在此基础上加上垫肩，时代感会更强，如图 4-4 所示。

风格代表：钟楚红、张曼玉、梅艳芳。

图 4-4
Oversize 西装

红裙。红裙也是港风穿搭里最经典的元素之一，如图 4-5 所示。

风格代表：邱淑贞、关之琳。

发箍。搭配发箍，整体造型会比较乖巧、斯文。

风格代表：周慧敏。

图 4-5 港风红裙

3. 关于道具

为配合短视频的主题，可以准备一些充满年代感的道具，如复古的墨镜、磁带盒和玻璃瓶的汽水等。

4.1.2 场景选择的重要性

前面介绍了服化道，接下来讲解短视频美术的第二个重要因素——场景。

拍摄场景的选择很大程度上影响了视频的艺术化呈现方式，在拍摄之前，要先考虑好要去哪儿拍。选择合适的拍摄场景既可以提升视频的美感，又可以为后期调色减少不必要的麻烦。

难道不去香港就拍不了港风吗？当然不是。那么要如何选择拍摄地点才能更贴合港风的主题呢？

地铁站。尽量避免本土化风格太明显的地铁线路和场景，可选择偏港风的地铁站，例如有马赛克墙砖的场景，或者简单的地铁车厢作为拍摄场景，如图 4-6 和图 4-7 所示。

图 4-6　马赛克瓷砖墙面

图 4-7　地铁车厢

茶餐厅。现在大多数城市都有港式茶餐厅，这便是极其港风的场景，在茶餐厅里进行拍摄是个非常好的选择，如图 4-8 所示。

图 4-8
茶餐厅

夜景马路。在夜晚进行拍摄可以虚化很多繁杂的城市建筑，透过穿梭的车流拍摄人物，让人物处在具有港风的场景中，如图 4-9 所示。

图 4-9　夜景马路

特殊的氛围灯光。香港有很多霓虹灯招牌，港片中夜景的色彩非常丰富且浓郁。我们在进行夜景拍摄的时候，可选择有大型霓虹灯牌的场地，将霓虹灯牌的灯光作为环境光，以营造氛围，如图 4-10 所示。

图 4-10 利用霓虹灯牌的红色灯光营造氛围

车里。坐在车里时，透过后视镜进行拍摄，能够营造出港风电影里的场景感，如图 4-11 所示。

图4-11 夜晚的车里

金鱼。王家卫镜头下的金鱼，色彩浓郁又带有暧昧的氛围，如图 4-12 所示。

图 4-12
金鱼

便利店。还记得《重庆森林》里去便利店找过期凤梨罐头的阿武吗？便利店也是港片中不可或缺的场景，如图 4-13 所示。

图 4-13 **便利店**

人行隧道。港片中对隧道的取景也非常多，如《堕落天使》中金城武骑摩托车载着李嘉欣的场景等。隧道中黄色的灯光非常有港片的氛围，如图 4-14 所示。注意，在隧道中进行拍摄时，一定要选择人行隧道，切勿前往车行隧道。

图 4-14　人行隧道

手扶电梯。可选择比较狭窄的手扶电梯作为拍摄场地，要求此类场地干净简单，没有张贴广告，如图 4-15 所示。

图 4-15
狭窄的手扶电梯

旧巷子、旧菜市场。选好角度，旧的巷子和菜市场也可以拍出港风效果，去本土化是选景的首要因素，如图 4-16 所示。

图 4-16　旧菜市场

4.1.3　如何用好手里的器材

港风电影的摄影风格中，比较特别的一点就是王家卫在电影中对慢门的应用。最经典的莫过于《重庆森林》里金城武在人群中穿梭跑动的场景。应用慢门进行拍摄时，移动物体的拖影会变得特别长，这是王家卫在电影中用得特别多的拍摄方法。

那拍摄运动画面的时候如何让主体相对背景不那么模糊呢？先尽可能让主体人物居于画面的中心，让摄像机保持和主体沿同方向运动，这样可以将中心运动模糊的效果降到最低。此时周围的物体将保持不动，或沿反方向运动，或进行比主体运动速度慢很多的同向运动，它们会产生运动模糊效果，如图 4-17 所示。

图 4-17 主体居于画面中心

读者可尝试将相机快门速度调至 1/15、1/8、1/4，然后找到自己想要的慢门效果。

需要注意的是，单反相机的视频模式是有快门速度限制的，无法在前期拍摄慢门的效果，只能在后期进行变速处理，这点在后期剪辑的相关章节中会详细介绍。有些手机是可以拍摄慢门效果的，这要看具体的手机型号。无法直接调整快门速度的手机，也可以通过下载可实现慢门拍摄的 App 来得到想要的效果。

慢门的使用在一定程度上会为短视频带来不一样的视觉体验，但一定要控制好它的使用量，避免滥用，不然只会给观众造成眩晕的感觉。酱料是给食材升华口感的，但不能整个菜只有酱料。

4.1.4 镜头焦段与景别

港风短视频比日常短视频更能让人感觉到张力，这种张力表现在打破了中规中矩的表现形式，以不同的焦段和景别来表现内容，如图 4-18 所示。港风短视频常用超广角镜头和长焦镜头。

超广角镜头。焦距为 20 毫米 ~13 毫米，视角为 94° ~118° 的镜头。由于超广角镜头的焦距非常短，视角非常大，在较小的拍摄范围内，能拍摄到面积非常大的景物，但景和人物会有较大程度的变形。例如《堕落天使》中李嘉欣在茶餐厅吃东西的这一幕，摄影师使用超广角的镜头拍摄近景，这样呈现出的畸变画面既交代了环境又突出了主角的情绪，也营造出了一种独有的视觉美感，非常经典。

长焦镜头。焦距为 85 厘米 ~300 厘米的镜头。用长焦镜头拍摄人物，可以压缩空间并使主体人物更突出。例如《重庆森林》里金城武在人群中奔跑的画面就使用的是长焦镜头。

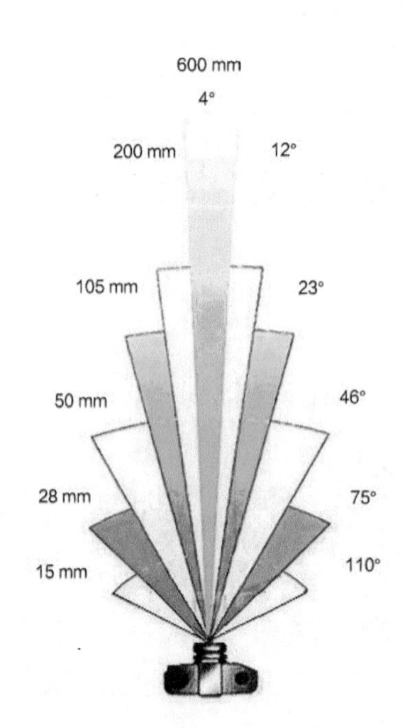

图 4-18
镜头焦段的划分

4.1.5 构图与运镜

1. 关于构图

一部好片子，一定有着它独特的构图技巧和叙事方法。

除了常规的构图技巧外，接下来具体介绍在复古港风短视频中非常实用的斜线构图和留白构图。

斜线构图。将摄像机稍微向一边倾斜，通过环境的不稳定感表现角色不稳定的情绪，增强镜头的张力，如图 4-19 所示。

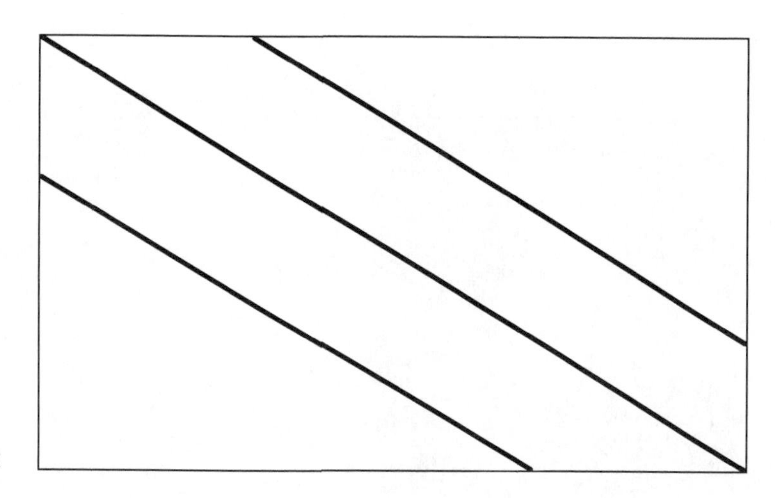

图 4-19
斜线构图示意

这种角度会让画面失去平衡感，通常可以表现不安、暴力、惊险、醉酒等情境，也能表达疯狂、丧失方向感等。在王家卫的电影中，斜线构图更多用于表现一种迷茫、暧昧、迷离的氛围，如图 4-20 所示。

图 4-20　斜线构图

留白构图。在构图时，给画面背景多留些空白部分，如干净的天空、路面、虚化的景物等，这样不会干扰观众的视线，是一种非常好用且实用的构图方法，如图4-21所示。

图4-21　留白构图

2. 关于运镜

下面以王家卫的电影风格为例，分析复古港风短视频中常用的运镜技巧。

手持感。摄像师手持摄像机进行拍摄，这样拍出来的画面会有些晃动，边缘会有些模糊，但也会给观众带来真实感。手持感并不意味着要一味地放任手的晃动，要把握好度，摄像师需要控制好自己跟拍的步伐和呼吸的节奏，以免影响画面的稳定性。

夸张的广角镜头。王家卫的电影中非常多的使用了超广角镜头，这使画面边缘产生了严重的畸变，但这种镜头能很好地表现其电影的主题。景物范围大、景深大可以展现出更多的信息，将更多的人或物纳入画面中，有利于场面的调动。

长镜头的使用。这种拍摄方式多用于表现人物的内心世界，对演员的要求较高，对导演来说也是一种表现形式上的挑战。

4.1.6　后期调色小技巧

色彩是最具有感染力的视觉语言之一。除了在电影拍摄技巧上独树一帜外，在色彩的运用方面王家卫也别出心裁。王家卫在电影中用梦幻般的情绪碎片配合充满想象力的色彩与镜头，营造出了令人迷醉的情绪氛围。别具一格的色彩运用技巧已经成为其电影的独特符号。例如《堕落天使》里浓郁的青色，《春光乍泄》里对青色和黄色的极致运用，《重庆森林》里迷离的霓虹灯，都给观众带来了巨大的视觉冲击，也成为影片中某个特定人物或环境的象征，如图 4-22 和图 4-23 所示。

图 4-22　后期调色示例 1

仔细分析会发现，在王家卫的色彩世界里，青色和黄色用得最多，基本上高光区域中的颜色都是青色，人物的皮肤是浓郁的黄色，整个画面的色调都比较统一，如大面积的青色、红色、黄色。在前期拍摄的时候做好美术与构图的控制，这样会为后期减少很多不必要的麻烦。

下面以一则实拍为例，讲解后期调色的思路。

在进行调色之前，原片的色彩非常普通，而且多云的天气使得画面中的天空部分白茫茫一片，缺少层次与美感，如图 4-24 所示。调色后的效果如图 4-25 所示。

图 4-23　后期调色示例 2

图 4-24　天台原片

图 4-25 调色后的效果

调整“白平衡”。打开 Premiere，选择“新建项目”，在菜单栏的“文件”中选择“导入”，导入需要的原片。因为王家卫的电影中常运用大片青绿色，所以可以把这段视频的整体色彩调至偏绿，如图 4-26 和图 4-27 所示。

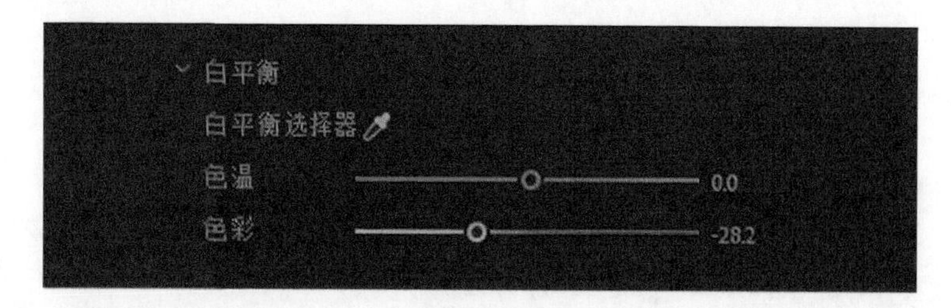

图 4-26 调整“白平衡”

图 4-27 色彩偏绿后的画面

调整“高光色彩”。在右侧选择“Lumetri 颜色→创意→高光色彩→青色”，如图 4-28 所示。

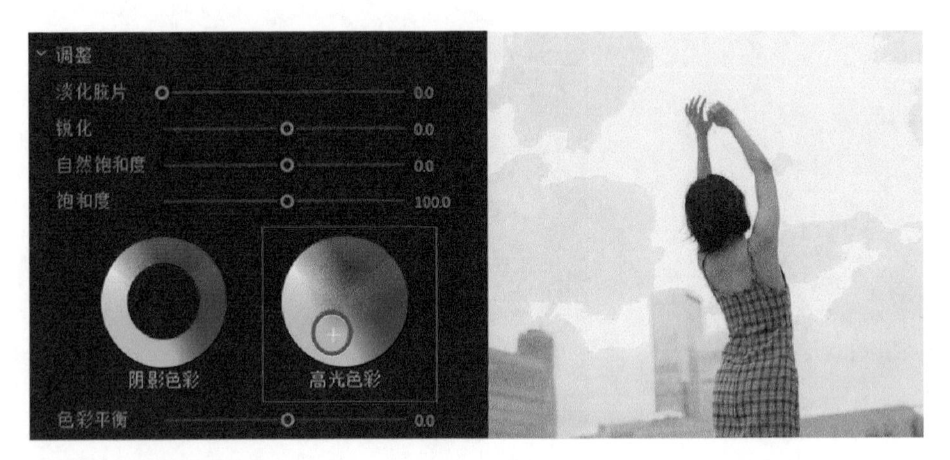

图 4-28　选择“青色”

调低“白色”数值。调整天空高光区域的色调时，可能会出现局部过曝或溢出的情况，此时可以在“基本校正”中把“白色”值调低，让天空的过渡更自然，如图 4-29 所示。

图 4-29　调低“白色”数值

增加饱和度。在主角肤色正常的情况下，适当增加画面的饱和度，如图 4-30 和图 4-31 所示。

图 4-30 原画面

图 4-31 增加饱和度后

整条短视频的后期调色是比较简单的，与之配合的是前期拍摄时的取景与开始调色前的思路。例如我们想要一个偏青色的色彩浓郁的短视频，就要思考短视频中哪些画面的颜色是可以调节的，哪些不足是需要通过细微调整去弥补的，当有了调色的思路，操作起来便简单多了。

4.2 文艺清新短视频的拍摄技巧

文艺清新的风格，通常给人一种岁月静好的感觉。这类短视频一般色调清新，镜头运动得相对较慢，没有华丽的转场与特效。比较经典的代表作有日本电影《小森林》《菊次郎的夏天》等。

在众多风格浓郁的短视频中，文艺清新类的短视频就像一剂解腻的良药，不管经历了什么，它都会使我们的内心平静下来。

4.2.1 拍摄前的服化道准备

文艺清新短视频的服化道最重要的一点就是简单、干净。不需华丽的设计，也不需隆重的妆容，而要有贴近生活、干净简洁的感觉。

1. 清新妆容

清透底妆。底妆要接近角色原本的肤色，应有一种清透自然的感觉，不要一味地追求白，这样可以更好地展示角色的五官和气质。

自然眉毛。根据角色原本的眉毛进行修饰，并不拘泥于某种样式的眉毛。

轻眼妆。眼影颜色多为自然色系（大地色系、粉色系、淡橘色系），眼线即使有也是内眼线，不会用到很夸张的睫毛膏。

唇妆。以自然水润的唇妆为主，没有过于浓烈的颜色。

发型。生活化的发型，拒绝造型感太强的发型。

2. 文艺的服装搭配

切忌穿颜色繁多或设计感过重的服装，这样会显得过于刻意，而文艺类的短视频重在给人放松、舒适的感觉。

纯色连衣裙。万能的选择，可选择浅色系的纯色连衣裙，如白色、淡蓝色等。

碎花连衣裙。一定是小碎花连衣裙，大印花会分散观众的注意力。

休闲衬衫和百褶裙。衬衫依旧选择浅色系，除百褶裙外也可以选择 A 字裙、棉布裙。

宽松的毛衣。浅色系依然是首选，毛衣能给人放松、舒适的感觉。

3. 关于道具

为配合短视频的主题，可以准备一些书本、玻璃水杯、围巾等。

4.2.2　文艺场地的选择

首先排除 CBD 类商务场所，其次排除酒吧、商场等娱乐消费场所，看看还剩下些什么。

校园。大学校园是我们的首选拍摄场地，那里既有富有青春气息的教学大楼，又有各种绿化区域，如图 4-32 和图 4-33 所示。

图 4-32　大学运动场

| 图 4-33　大学教学楼的一角

公园。充满植物的公园，能让人感觉到极强的生命力，如图 4-34 所示。

| 图 4-34　公园

地铁。干净、没有过多广告的地铁车厢也是一个不错的选择，如图 4-35 所示。

图 4-35 地铁

咖啡厅。还可以选择清新、安静的咖啡厅，如图 4-36 所示。

图 4-36 咖啡厅

海边。海边非常适合作为文艺类短视频的拍摄场地，如图 4-37 所示。

图 4-37 海边

创意园区。现在基本每个城市都有创意园区，里面会有一些比较有文艺气息的建筑或者街区，可以去看看。

4.2.3 器材的选择

一般来说，这类短视频对拍摄器材没有太高的要求，画质清晰、细腻即可，基本所有微型单反相机、单反相机都能满足这样的要求。手机也不是不行，但手机在大光圈虚化这方面还是无法达到很优的效果。

可以选择手持稳定器作为辅助器材。

如果需要环境音，可以选用合适的录音设备。

4.2.4 镜头焦段与景别

文艺清新短视频的拍摄离不开定焦镜头和长焦镜头。

定焦镜头。定焦镜头是指只有一个固定焦距的镜头，它没有可以变化的焦段，改变构图要靠摄像师的走位，如图 4-38 所示。比起变焦镜头，定焦镜头的成像在锐度、景深虚化、解析上都要略胜一筹。它一般拥有更大的光圈，这会使画面中的焦外虚化效果更柔和，主体更突出；而且在光线不佳的情况下或夜晚进行拍摄时，它会有更佳的适应能力，并且会使画面中的畸变较小。

图 4-38 定焦镜头

长焦镜头。长焦距镜头是指比标准镜头的焦距长的拍摄镜头。普通远摄镜头的焦距长度接近标准镜头，而超远摄镜头的焦距却远远大于标准镜头。以 135 相机为例，镜头焦距为 85 毫米 ~300 毫米的拍摄镜头为普通远摄镜头，镜头焦距在 300 毫米以上的为超远摄镜头。长焦镜头可以压缩空间，拉近前景与后景的距离。长焦镜头的后景范围小，背景更单纯、简洁，稍微移动镜头就可以改变背景的结构，如图 4-39 所示。

图 4-39　长焦镜头

在景别方面，文艺清新类的短视频多选择特写、中景、近景，以便结合场景营造出唯美的效果。

4.2.5　构图与运镜

1. 关于构图

构图的方式有千万种，每个类型的短视频都有自己适合的构图方式。文艺清新类短视频常用比较经典的构图方式，具体如下。

三分法。三分法构图是最常见也是最基本的构图方式之一。它用 4 条直线将画面分割成 9 个大小相同的方格。这种构图方式特色鲜明，画面简练。目前，绝大多数的数码相机甚至手机都内置了九宫格辅助构图线，它适用于拍摄各种题材的短视频，最常用于拍摄风景和人物，如图 4-40 所示。

图4-40
三分法构图

对称式构图。对称式构图具有平衡、稳定、相互呼应的特点，用不好便会让画面会显得过于呆板、缺少变化，用得好则会使画面极具美感，如图 4-41 所示。

图 4-41 对称式构图

框架式构图。框架式构图能把观众的视线引向框架内的景物，从而突出主体，同时也能制造出纵深感。将主体影像包围起来并形成一种框架，可营造一种神秘气氛，就好像一个人正在从藏匿处偷偷窥视某个地方。框架式构图有助于将主体影像与风景融为一体，赋予画面更大的视觉冲击力，如图 4-42 所示。

图 4-42
框架式构图

选择适当的前景。朦胧的前景可以增强画面的唯美感，也可以使画面不那么单调，如图 4-43 和图 4-44 所示。

图 4-43
前景虚化 1

图 4-44
前景虚化 2

简约留白。我们常说“少即是多”，在拍摄时让画面中的元素尽可能少，有时会呈现出令人印象十分深刻的视觉效果。减少环境里不必要的元素，能让观众快速地把注意力集中在主体上，如图 4-45 所示。

图 4-45 简约留白

拍摄特写部位。可以适当拍摄一些特写部位，增添细节感。通常可拍摄眼部、肩颈、手部等细节，如图 4-46 所示。

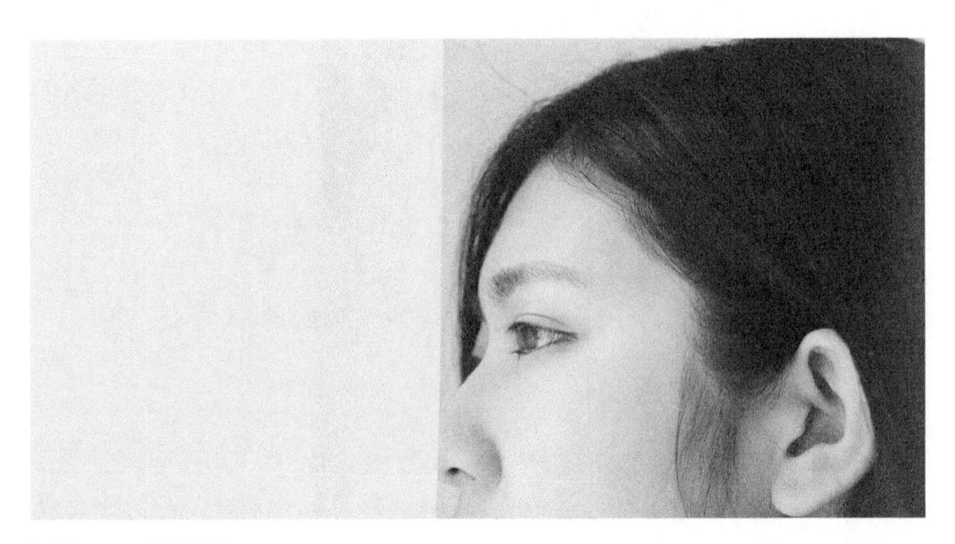

图 4-46　眼部特写

逆光拍摄。逆光下的主角散发着光芒，如图 4-47 所示。

图 4-47　逆光拍摄

2. 关于运镜

拍摄文艺清新短视频时可以直接忽略酷炫、快速的运镜方式，超广角镜头和斜线构图也几乎不会用到，比较常用的是稳定又带有呼吸感的拍摄方式。

固定镜头。固定镜头多用于体现人物情绪或交代大环境，如图 4-48 所示。

图 4-48 固定镜头

移镜头。在拍摄时，可以左右轻微、稳定地移动镜头，使短视频的画面有呼吸感，如图 4-49 所示。

图 4-49 移镜头

跟拍镜头。在人物处于交通工具中或者行走在路上的时候，可以用跟拍的方式进行拍摄，让画面富有动感，如图 4-50 所示。

图 4-50　跟拍镜头

4.2.6　后期调色小技巧

文艺清新的画面风格一直非常受欢迎，它宁静、清澈，像正午的阳光，令人感到舒适。

色调清新的短视频通常画面通透、柔和，没有过高的饱和度与浓艳的色彩。

下面以一则实拍短视频为例，讲解在 Premiere 中的后期调色思路。

打开 Premiere，选择“新建项目→文件→导入素材”，选择一个画面进行调色。

调整基本设置。在 Premiere 操作界面的右侧找到基本设置进行调整。这一步的主要目的是初步调整画面的光比和层次，增大“曝光”“阴影”“黑色”数值，降低“高光”“白色”数值，调整画面整体的通透感。

文艺清新的画面中通常有少许的过曝效果，可通过增加曝光的方式来达到这种效果。

增大“阴影”和“黑色”数值可丰富画面暗部的细节，让暗部细节不至于损失过多，变得“死黑”。

降低“高光”“白色”数值可以减少高光溢出部分，让亮部和暗部的对比变小，画面变得更加柔和，如图 4-51 至图 4-53 所示。

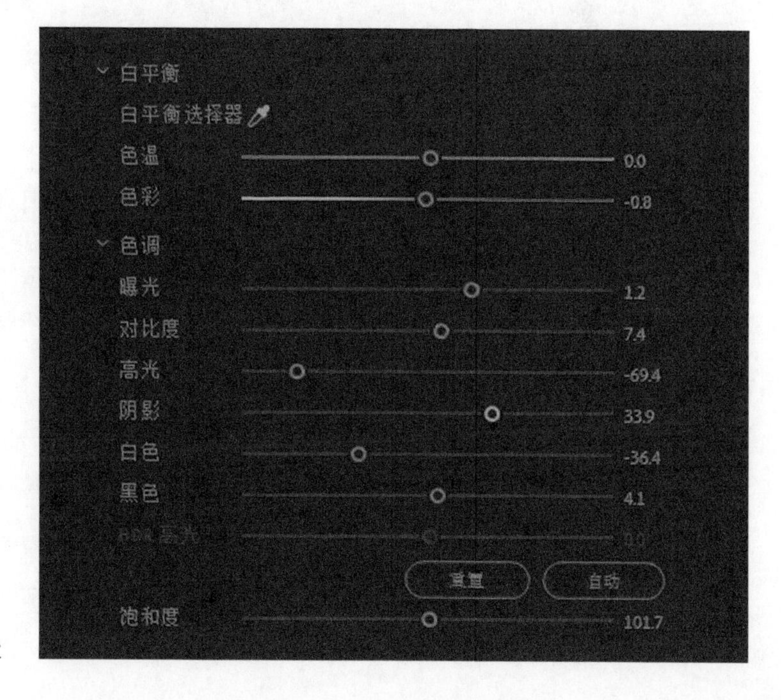

图 4-51
调整基本设置

图 4-52　原始画面

图 4-53　调整后的效果

调整色调曲线。利用色调曲线的 RGB 模式提亮和过渡画面中的灰阶，使画面更加通透，如图 4-54 所示。

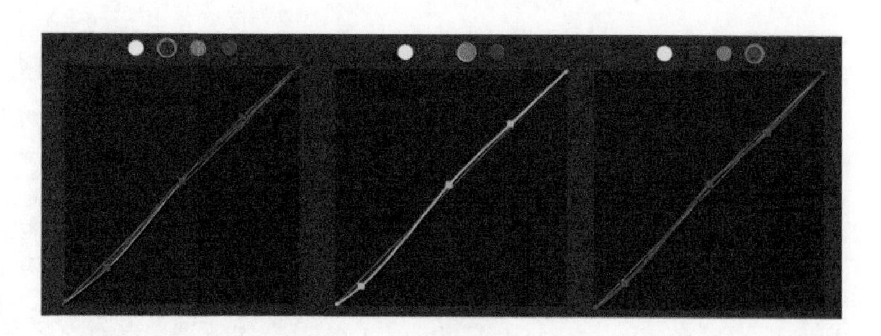

图 4-54
调整色调曲线

调整后，画面的灰度减弱了，如图 4-55 所示。

图 4-55
调整后的效果

调整 HSL 色彩。在画面中找出需要调色的区域，分析其色相、饱和度、明度的关系，对单色调进行微调。这里调整绿色和肤色，肤色偏红，需要校正，绿色的树叶也需要降低饱和度，如图 4-56 和图 4-57 所示。

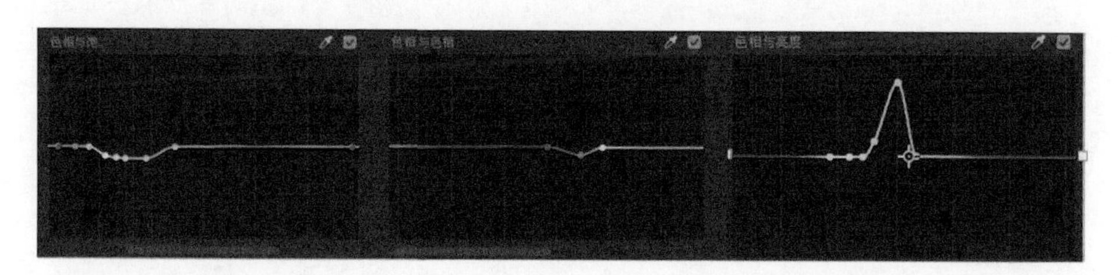

图 4-56 调整 HSL 色彩

图 4-57　调整后的效果

这里只是提供一个调色的参考思路，如果想要进行更细致的调色，可以用 DaVinci。Premiere 中可调节的项目比较少，调色后的效果可能不够精细，但也可以满足大多数调色需求。

4.3 电影感短视频的拍摄技巧

比起其他几个主题的拍摄，电影感这个主题的拍摄要求就显得较高了。什么叫电影感？所谓电影感就是指在构图、景深、光线和色彩等方面给观众呈现一种具备电影水准和氛围的质感。要让短视频有电影感，不光需要在拍摄上匠心独运，在美术、道具、镜头语言设计、表演调度、预先视觉化、声音设计等方面都需要通力合作才能达到不错的效果。

4.3.1　拍摄前的服化道准备

电影感短视频对人物服装没有特定的要求，一般以符合人物设定为主。但在拍摄中应尽量避免出现设计感过强的服装，以免抢了人物的风头（时装类短视频除外）。

4.3.2　电影感短视频拍摄场地的选择

场地由拍摄主题而定，需要考虑的是场地光线是否适合拍摄、是否适合布景，气温是否合适，协调场地的办法，防止有大型施工项目影响拍摄进度等。抛开这些客观因素，主观的因素可以考虑以下几点。

选择地域特征鲜明的场景。可以根据故事发生的地区进行选择，如江南、广东或西北，这都是有明显的建筑风格的地区。

选择能体现主题内涵的场景。环境氛围是人物特定的心理情绪的积淀和映照，同样的景物在不同的艺术家的作品里会呈现出不同的面貌。例如张艺谋对《大红灯笼高高挂》场景的选择就颇费心思，他没有选择小说中的江南庭院，因为他认为柔美的外观多少会削弱批判的力度。因此，他把故事发生的场景改换成北方的深宅大院，院子四四方方，像个笼子，暗示主人公被锁在和外界隔绝的高墙内，如图 4-58 所示。

图 4-58　《大红灯笼高高挂》剧照

利用场景描述人物的心理情感。艺术作品打动观众的途径有很多，一条有效的途径就是让艺术形象的情感因素与观众视觉的感知经验有机地结合。因此，导演要想尽办法找到情感的对应物，将人物内心的情感具象化，让观众产生直观、形象的感受，从而引发情感的激荡。

选择富有造型美感的场景。自然景观在很多优秀导演的作品中得到了充分的展示，我们同样可以好好利用大自然，表现出强烈的视觉冲击效果。

4.3.3 镜头焦段与景别

长焦镜头。很多时候选择的场景不是那么合适，背景杂乱不利于构图，这个时候可以使用长焦镜头压缩空间，使杂物尽量少出现在取景器里，优化画面。在表现人物情绪的时候也经常使用长焦镜头，如图 4-59 所示。

图 4-59 长焦镜头

广角镜头。在短视频中通常都需要交代环境，这时候用得最多的就是广角镜头，一般最广可以使用到 24 毫米，到 16 毫米就会产生畸变。在拍摄运动画面（跟拍）的时候也常使用广角镜头，可以得到十分稳定的画面。如果相机抖动量相等，用长焦镜头拍摄的画面中的晃动会十分明显，用短焦镜头拍摄的画面中的晃动则会减弱不少。另外，广角镜头在表现人物特殊情绪（压抑、紧张）的时候也有很好的效果，如图 4-60 所示。

图 4-60　广角镜头

大光圈。景深在影响观众视线方面发挥着关键作用。电影里利用景深可以引导观众的视线，让观众将注意力集中于画面的某个区域，从而产生代入感。大光圈是制造景深的重要因素，如图 4-61 所示。

图 4-61　大光圈镜头

电影通常采用多角度和多景别，如近景、中景、远景等进行组合拍摄，多景别拍摄能使画面更丰富、自然，故事线营造得更饱满。在日常拍摄中，要想让短视频具备电影的质感，在场景拍摄和前期脚本的拟定中要有计划地对主体进行多角度拍摄。

4.3.4 构图与运镜

在决定画面构图之前，要先确定画面的宽高比。画面宽度与高度的比例称为宽高比。不同的拍摄格式会有不同的宽高比。常见的宽高比有 1：2.39、1：1.85、1：1.66、1：1.78（高清电视标准，也称为“16：9”，高清摄像机用的就是此格式）。

了解拍摄的宽高比，以及展映、发行的宽高比都很重要，在短视频的制作过程中，可以保证作为视觉策略组成部分的画面构图保持不变。

1. 关于构图

构建画面的层次。画面的深度和层次是普通拍摄与电影拍摄的最大区别。要想让看起来很平的画面具有层次感，就要先弄清画面中的 3 个层次（前景、中景、背景），再来营造画面的纵深感。将 3 个层次内的视觉元素利用好，想方设法营造出纵深感，画面的故事感就容易实现了，如图 4-62 所示。

图 4-62　营造纵深感

由头到脚式。此方式中，镜头会从演员的脸一直扫到脚，这种方式可以告诉观众时间和空间，表现肢体语言、展示衣物和创造笑点等。

双人特写式。这种方式一般非常主观，而且画面的宽高比也会根据叙事的方式发生一定的改变。双人特写式是指在取景框内安排两个人物，如图 4-63 所示。

图 4-63 双人特写式

视线引导。导演可以用这样的方式构建场景：运用场景内的被拍摄物体来将观众的视线引向另一个特定的物体、人物或者画面内的某一侧。视线引导通常需要利用较长的物体（如一排栅栏、一条蜿蜒的道路或者一排演员）来完成。这个方法的优点在于，观众在面对复杂或比较大的场景时，能明白自己应该看向何处，但有时使用这个技巧也只是出于美学上的考虑，如图 4-64 所示。

图 4-64　视线引导

戏剧性角度，极端角度，鸟瞰视角。戏剧性角度可以强化一场戏的情感冲击力。摄像机的低角度能使角色和物体看起来很高大。摄像机的高角度能赋予角色被压低的感觉。极端角度就是夸张了的戏剧性角度。极端的低角度可以起幅于被拍摄物的脚下，朝天拍摄。极端的高角度可以是从高耸的办公大楼上向下看。鸟瞰视角是一种极端角度，就是把摄像机直接置于场景的正上方，径直向下拍摄，如图 4-65 所示。

图 4-65
鸟瞰视角

除此之外，前两节中介绍的构图方式（港风、文艺、清新）也适用于这种类型的短视频，在此不再赘述。

2. 关于运镜

拍摄电影感短视频可使用各类风格短视频的运镜方法，而且每个方法都可以衍生。看似复杂的运动镜头，其实大部分都是由基础的运镜方法组合而成的。运镜方法只是讲故事的方法，没有绝对的对与错，在创作时要敢于打破常规，多推翻、多尝试，找到合适的角度和方法。

4.3.5　后期调色小技巧

“电影感”调色并没有绝对的标准，在欧美电影里，那种青青蓝蓝的浓郁影像十分常见，成了不少人心目中电影感色调的标志。日本青春剧中的画面比较清爽，低饱和度、低对比度，也很有代表性。

电影感的塑造离不开构图、景深、分辨率、镜头的运动，下面就从后期调色来介绍怎么拍出具有电影感的短视频。

调色的意义有两种：一是提升画面品质，二是营造画面氛围。

下面以一则实拍短视频为例，要体现电影感，可以从人物和环境两个方面来分析视频的调色方案。

从图 4-66 可以看出，拍摄当天为阴天，天空中云很多且曝光正常，堤岸和公告栏背面的阴影较重，画面偏灰。

希望通过后期调色，使整体色调呈现傍晚的感觉，让画面中的阴影更有层次。

图 4-66
原画面

打开 Premiere，选择“新建项目→文件→导入素材”，然后在 Premiere 操作界面右侧找到基本设置进行调整。

基本设置。这一步的主要目的是初步调整画面的光比和层次，通过增大“曝光”“阴影”“黑色”值，降低“高光”“白色”值，调整画面整体的通透感，如图 4-67 和图 4-68 所示。

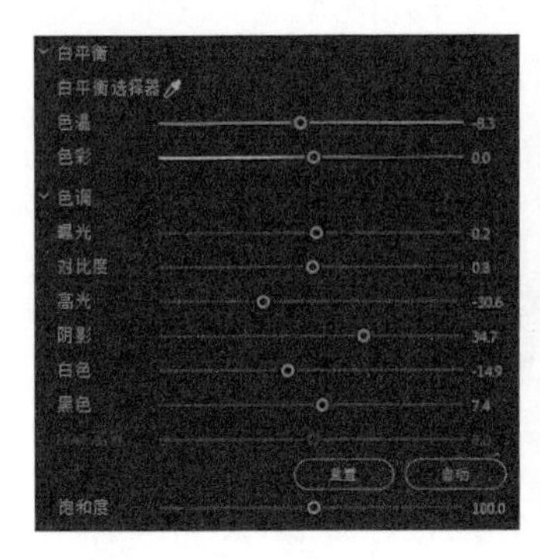

图 4-67　基本设置

图 4-68　调整后的画面效果

调整“色轮和匹配”。调整“阴影”“中间调”“高光”，提亮过渡画面中的灰阶，使画面更加通透并具有色彩细节，如图 4-69 所示。

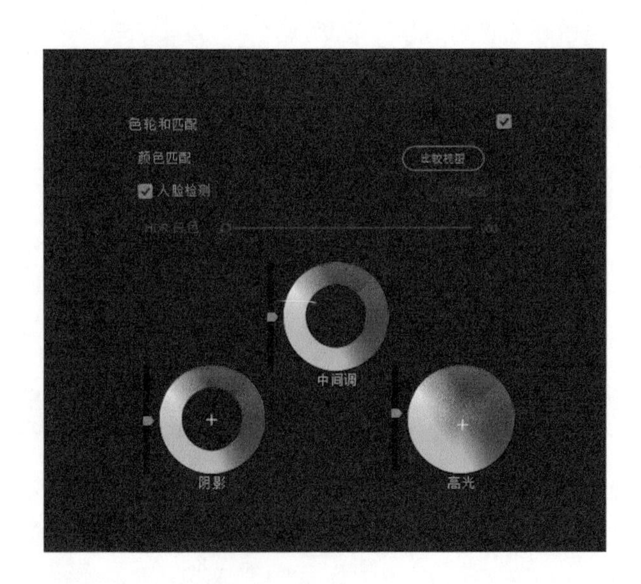

图 4-69
调整“色轮和匹配”

调整色调曲线。调整色调曲线的 RGB 模式，使画面更通透，同时调整画面整体的色彩氛围，如图 4-70 和图 4-71 所示。

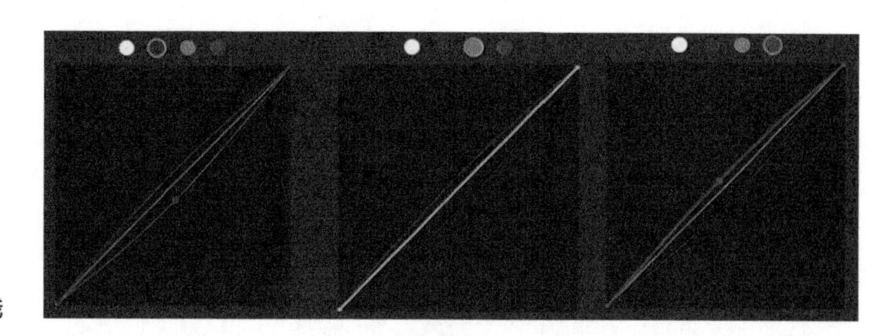

图 4-70
调整色调曲线

图 4-71 调整后的画面效果

调整 HSL 色彩。由于此图中没有过多的色彩，所以这里不用提取色彩并进行细调。如果画面中有别的色彩需要调整，则需要用到这种方法。例如，画面为青红色调，则需要提取画面中特定的色域进行色相、饱和度、亮度的调整，以实现想要的效果。

4.4 朋友圈 15 秒短视频的拍摄技巧

人获取信息的难易程度可以按照如下顺序排列：文字 < 声音 < 图片 < 视频。

现在，短视频内容比起单纯的图片、声音、文字是更有效的表达方式。

现在很多人制作完短视频后上传的第一个平台就是朋友圈，那怎么在有限的时间内制作出吸引人的短视频呢？

4.4.1 如何吸引观众的注意力

朋友圈短视频能够吸引人的因素与电影预告片类似。15 秒没有办法细水长流地讲述一个故事，没有时间埋下伏笔，只能通过节奏、画面、音乐等因素来吸引观众的注意力。

封面。很多平台在上传短视频时可以让用户自由选择封面，或是从短视频中截取，或是自己上传。但朋友圈目前没有这个功能，它只会自动提取上传的短视频的第一帧作为封面，但有时候第一帧并没有什么特色，还可能是空镜。所以在制作短视频的时候，我们可以选取一帧最佳的画面保存下来并复制到短视频的第一帧。这样一来，上传短视频到朋友圈后，系统自动提取的第一帧画面就是你选好的画面了，如图 4-72 所示。

图 4-72
封面

节奏。不知你有没有遇到过这样的问题，同样是上传到朋友圈的短视频，有些短视频内容丰富，有些短视频内容简陋，但短视频的时长都基本相同，为什么会这样呢?

其实是因为有的短视频有七八个镜头，快剪短视频的话可能会更多，观众跟随快速的节奏，大脑接收的信息自然就增多了。节奏慢的短视频可能就只有两三个镜头，观众刚进入状态，短视频就戛然而止了，感觉差了点东西。

如果想要在 15 秒内吸引观众的注意，那么短视频的镜头就必须丰富些，将几个镜头剪成一组，再用几组镜头构成一条完整的短视频。15 秒短视频的镜头数量至少要达到 5 个，这样短视频的完整性和观赏性都能得到提高，也更容易吸引观众的注意。

画面。有美感的画面和能传达信息的画面能吸引更多的人，因此要在最短的时间内把最美和信息量最大的画面展示给观众。

音乐。预告片是否吸引人，与音乐有很大的关系，一段旋律优美、节奏变化丰富的音乐，是电影预告片的核心。将好的音乐加入短视频里，绝对会带来直观的促进效果。音乐蕴含巨大的情绪流，音乐的高低起伏，抑扬顿挫，会将兴奋、感动、爱情、惊恐、放纵、狂放等完全释放出来。

4.4.2 脚本和分镜准备

15 秒短视频无论如何精简，也需要有一个结构。这意味着要建立角色，并引入冲突或复杂性，梳理结论。这个基本的电影预告片模板作为故事框架历史悠久，适用于很多地方，也可用在短视频创作中。此处用预告片的创作思路来讲解 15 秒短视频的脚本与分镜。

在内容上要省略那些次要的情节和人物，给观众以想象和预示，引起观众的期待和错觉，从而加大悬念，同时要把主要情节、主要人物和关键细节具体地表现出来。

在此基础之上，既要兼顾人物的精神面貌和情节、事件发展的必然性，又要对主体的动作、方向、速度、光影、色彩，以及景别大小、镜头的有机转换等进行创意性的组接。

在内容上需要承上启下，剧情片中，人物说出的一句话要有回应（别人的反应、事件的发展等）；动作片里，射出的一颗子弹要有结果（东西被打烂、人物倒下等）。承上启下是一组镜头最常用的叙事方式之一。给了刺激就一定要有反应，一组镜头才会有结束感，结束之后再开始下一组镜头。但在短视频开头和结尾设置悬疑时，可以不给反馈。

镜头节奏要有变化，快中有慢，慢中有快，近中有远，远中有近，如在几个近景中包含一个远景；并始终带有层次，让观众一直处于兴奋的状态。

4.4.3 视频结构安排

策划一条短视频的时候，需要先安排短视频的结构。

基本结构。开头－发展高潮－结局（其中发展和高潮是分不开的，因为高潮需要发展来铺垫）。

复杂一些的结构。开头－发展高潮－收音－代入音－发展高潮－结尾。

这种结构比较适合时间较长的视频，可以根据视频的时长增加“发展高潮”的数量。

15 秒短视频只能是一个吸引人的片段，或者是一个预告片。因此可以以幕、组、镜头为单位，先将内容分为几组，确定每组有几个镜头，再去填充。以 15 秒为例，可分为 3 组内容，每组有 3 个镜头，每个镜头 1.6 秒左右，这是比较快的节奏。以此类推，具体镜头和时长分布可以根据要表达的内容自由安排，方法是灵活的。

例如，每组有 3 个镜头，3 组镜头构成一条短视频，如图 4-73 至图 4-75 所示。

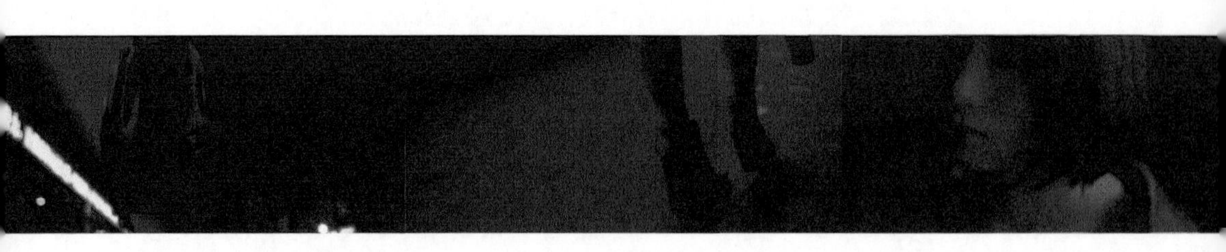

图 4-73　第一组镜头

图 4-74　第二组镜头

图 4-75　第三组镜头

4.5 如何快速拍一条广告片般的短视频

广告片的类型有许多种，这里介绍的是短视频中用较少的成本拍摄广告片的技巧，当然，这和制作精良的商业广告片是无法比较的，但制作的思路是可以学习借鉴的。

4.5.1　选择短视频风格

广告片有以下几种风格。

故事式。用讲故事的形式来表达商品与观众的关系，使观众产生共鸣。这类短视频在日本拍得比较多。日本有“文案要用心”营销术一说。广告文字里要充满正能量，向观众表达梦想、激情、坚持等内容，让人们产生共鸣，进而产生对品牌的认同感。欧美的广告更具策略性，从市场出发；日本的广告偏向从媒体导向出发，在文案方面更用心，而非描述产品特征。

除此之外，比较成功的广告案例还有英国百货公司 John Lewis 每年的圣诞广告。

时间式。用纪录片或叙事手法向观众交代时代发展与商品的关系。

纪录片之前被视为一个商业回报有限的内容形式，在新媒体时代，其开始了跨界经营和品牌打造之路。近几年，很多品牌都开始拍摄跨界纪录片，运用纪录片广告增强品牌的故事性和传奇性，从叙事、真实、责任、传承等层面为品牌赋能，这种内容形式被称为纪录片广告。叙事性在纪录片广告中，在选材策划、制作和传播效果等方面都具有更高的要求，如何挑选与品牌内涵、品牌调性、品牌形象契合的传播主题，如何选取叙事对象，如何安排故事节奏等都应当有更科学的生产策略和最有实效的品牌传播导向。这些策略都应建立在消费者洞察、品牌定位和内容管理的基础上。如农夫山泉采用纪录片的形式，实地、实景、真人、真事，将勘探师寻找水源地的真实故事和场景展现出来，讲述了农夫山泉多年来在长白山寻找优质水源、建厂的历程，这就是一种纪录片广告。

幽默式。用幽默风趣的语言或手法宣传商品的特征，使观众在轻松、愉快的气氛中领会与接收广告信息。这种方式在日本和泰国广告中用得较多。

如泰国有一个广告，改编自一个童话故事，开头是一位头发很长的，长得很漂亮的女明星在进行拍摄工作，收工后被坏人绑架到了一个树屋里，在她准备呼救的时候，树下有一位男人发现了她，于是男人准备拉着女明星的长发爬到树屋里和女明星一起面对坏人，但是女明星的头发太干枯且太不坚韧了，男人拉了一下头发就断了；他掉了下去，女明星正郁闷时，想到了包里的护发套装，用了后头发变得坚韧有光泽，男人也顺着女明星的长发爬到了树屋里和女明星一起对抗坏人。通过制造幽默，让看广告的人会心一笑，接收营销信息，这就是典型的日本和泰国广告的风格。

除此之外，比较成功的一个案例就是士力架的广告，短小、简洁又趣味十足。

悬念式。你一定听过“好奇害死猫”，可见好奇心会让人产生浓厚的探索兴趣。在商业广告片中同样如此。利用广告片制造悬念，会让观众产生浓厚的观看兴趣，观众对结果的渴望和好奇心的驱使会让广告片的观看黏性有很大的提升，设置悬念的方式有以下几种。

预兆法。提前告诉人们某种出人意料的事情，让人们对事情的结果或结论产生一种期待，如产生“他想干什么？”的疑问，从而产生对整个过程的探知欲，对广告片产生浓厚的兴趣。

模糊表达法。用不清晰的话语、画面或动作、事件等设置悬念，吸引人们去猜测表达形式或语言的意思，从而成功地引起人们的观看兴趣，不知不觉地影响其思维。

遮蔽法。遮蔽事物整体或发展中的某些局部、阶段或关系，成功激发人们对某部分空白区域的探知欲，并让人们产生观看欲望。

特殊效果式。在音响、画面、镜头等方面加上特殊效果，以营造气氛，使观众在视觉方面受到新刺激，留下难忘的印象，如一些香水广告、美食广告、概念广告等。

以上是比较常见的几类广告片风格，学习本书不需要深入地了解广告片的拍摄，只需要清楚它的概念和思路，再将其恰当地运用到日常的短视频拍摄中即可。

4.5.2 脚本和分镜准备

当我们收到一个产品广告短视频的制作要求时，要先了解这个产品。最快的方式就是利用该产品的介绍、文字和图片资料来了解。有了一定的产品认知后，就可以根据产品的特点、客户群、风格定位构建一个场景或一个虚拟的故事世界。

例如，运动饮料的产品介绍是运动后饮用，可调节人体内的电解质，适用群体是年轻人及运动人群，产品包装清爽、时尚，我们就可以根据这些特性构建一个属于这款产品的广告内容。又如茶饮，我们可以先了解其主打的口味，然后确定其面向群体是健康养生类人群还是时尚潮流人群，再去判断拍摄场景是自然风光场景还是时尚都市场景，营销方向是清爽解腻还是热情解渴，这样很多基本的设定问题就可以迎刃而解。

接下来就是视频创意脚本的撰写，创意可以体现在音频的运用上、画面和介绍旁白的组合上，以及视频的快慢节奏上。

我们根据创意构思一组视频画面，如第一个镜头要展示的内容，第二个镜头要展示的内容，中间的转场内容，每个镜头的拍摄角度，特写的选择，景别的选择等。

4.5.3 安排产品植入

和平时拍摄的短视频不同，在拍广告类短视频的时候，需要突出的是产品。

减少人物情绪镜头。因为拍摄的主体是产品，所以在构建分镜的时候需要减少人物面部的特写，只选择适合剧情的镜头，适度渲染人物情绪即可。

安排产品镜头。特写多用于展示化妆品的效果；近景用于展示细小的产品，如筷子、指甲刀、手表等；中景多用于展示人物、剧情，或者人物介绍产品的内容，如书籍、数码类产品；远景则用于对比产品或展示需在室外使用的产品等。

避免其他产品出现。在拍摄此类产品短视频时还需要注意，要尽量避免其他 Logo 明显的产品和同类产品出现。

4.5.4 优化剪辑包装

在完成短视频的剪辑后，还需要对短视频进行优化和包装。

调色。根据短视频的风格定位，选择不同的调色方案。例如，定位为 20 世纪 80 年代的短视频和定位为 21 世纪的短视频在色调上是有所区别的，而近两年流行的 VHS 风格，在调色上就有一定的年代感。

画面比。早期的电视广告的画面宽高比与现在不同，过去是4∶3，现在多为16∶9，如果想拍复古风广告短视频就需要注意这点。

剪辑包装。我们所说的包装一般指的是视频里的特效，小到字幕效果，大到合成特效都属于剪辑包装的范畴。包装通常是指利用Photoshop、Cinema4D、Maya、After Effects等软件及各种插件，制作出各种各样的视觉效果，如影片的片头、各种动画效果等。包装的作用是在产品出现的时候，结合设计与动画让画面更加美观，并增加视觉记忆点。

以图4-76所示的广告为例，它模仿的是20世纪90年代的港风广告，所以成片用的是4∶3的宽高比，落幅包装也比较像早期的香港广告的风格，简洁又带有年代特色。

图4-76
港风广告落幅效果

4.5.5 案例分析

下面以一条仿20世纪80年代日本的可乐广告片为例进行分析。

产品：可口可乐。

定位：年轻、时尚人群。

脚本内容：年轻人美好生活的日常缩影。

该广告想突出的是一种自信、美好、放松、惬意的氛围，所以展现人物个性的镜头可以减少，要更突出的是氛围。本故事内容比较简单，分为3个阶段，两人初次外出、怦然心动并通过产品确定关系、成为恋人共同约会，一起共享产品。

分镜参考：本案例分镜参考如下。

镜号	拍摄方式	景别	内容	场景	文字
1	固定镜头	全景	空镜开头：喷泉类比较活的镜头	不定	产品宣传语
2	固定 / 跟拍	中景 近景 中景	男女主角拿着产品边走边聊天 状态：开心、活力	路边 A	无
3	固定	中景	男女主角并排坐着聊天，男主角口渴，拿过女主角的饮料喝了一口 状态：暧昧、明朗	树下	无
4	固定	特写（带人物关系）	男主角喝的时候，女主角怦然心动，深情地看着他	树下	无

（续）

镜号	拍摄方式	景别	内容	场景	文字
5	固定	中景	女主角接回饮料后，心中窃喜，男主角若无其事 	树下	无
6	固定	单人特写	女主角也拿起饮料开心地喝了一口 	树下	无
7	固定	特写（带人物关系）	男主角瞟了一眼女主角，二者互相喜欢的关系瞬间明朗 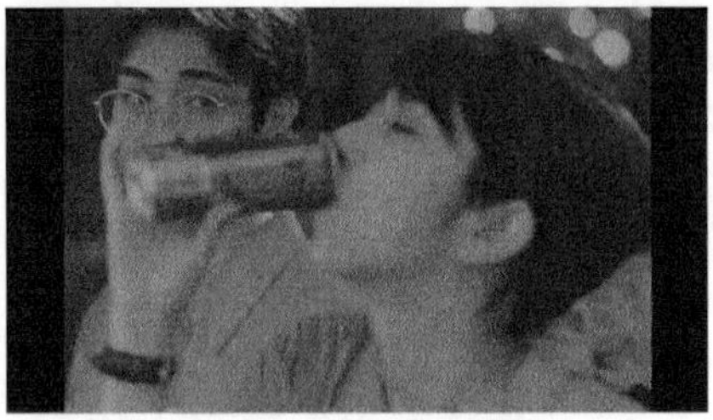	树下	无
8	固定	全景	男主角独自走着，女主角从后方靠近男主角，拍打他的肩膀打招呼 状态：轻松、活泼 	路边B	无

（续）

镜号	拍摄方式	景别	内容	场景	文字
9	固定	中景	女主角走到男主角前面，倒退着边走边和男主角说笑，两人手中拿着产品 	路边B	无
10	固定	空镜	男女主角的影子	路边B	无
11	固定	中景	女主角靠墙等男主角来约会，女主角拿着产品 	路边C	无
12	固定	近景	男主角准时到达，女主角和男主角聊着天，开心地去约会 	路边C	无

（续）

镜号	拍摄方式	景别	内容	场景	文字
13	固定	中景	女主角和男主角约会的场景 状态：活泼 	路边D	无
14	固定	中景	女主角入画，俏皮地拿着饮料准备丢给男主角 	草地	无
15	固定	中景	男主角做好接女主角的投掷的产品的准备 	草地	无
16	固定	中景	女主角丢出饮料 	草地	无

（续）

镜号	拍摄方式	景别	内容	场景	文字
17	固定	中景	男主角没接住 	草地	无
18	固定	近景	空镜：饮料掉在地上的镜头  	草地	无
19	固定 / 跟拍	近景	空镜：小孩和宠物在草地追逐的镜头 	草地	无
20	固定 / 跟拍	近景 / 特写	男女主角聊天、奔跑、跳舞等镜头 状态：轻松、活力、有朝气 	草地	无

（续）

镜号	拍摄方式	景别	内容	场景	文字
20	固定 / 跟拍	近景 / 特写		草地	无
21	固定 / 跟拍	近景 / 特写	主角喝饮料的逆光拍摄镜头 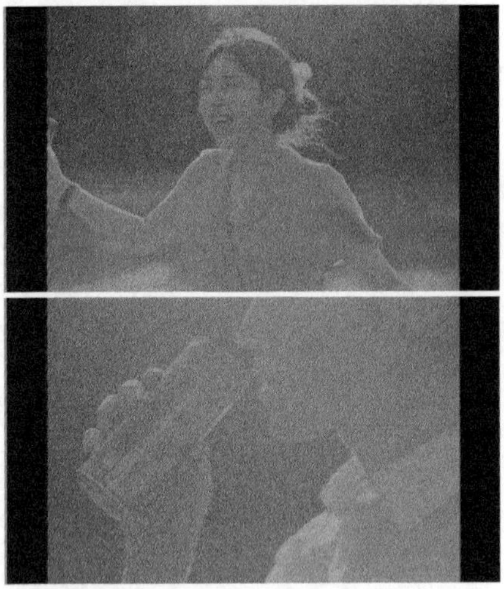	草地	无
22	移镜头	近景	产品落幅镜头 	不定	产品宣传语

在做完分镜表后，就可以进行拍摄了。人物的服装造型也要贴合 20 世纪 80 年代的风格，场景可以选择些比较复古的。

器材。摄影器材为佳能 5D3+85 毫米，由于本条广告片不需要出现对白和环境音，所以省去了收音设备。画面相对固定，所以也不需要稳定器。

服装。20 世纪 80 年代的风格，复古、端庄大方的服装。

场景。除了镜头比较多的几个阶段确定了具体的场景外，其他路边场景可根据实际情况进行分配，空镜也是如此。

产品。除了故事线，还需要拍摄主角喝产品的特写镜头和产品的落幅镜头。

拍摄过程。在拍摄的时候，需要营造出一种欣欣向荣、有朝气、有活力的氛围。既要贴合时代特征，也要符合产品定位。

后期剪辑。在完成拍摄后，将素材导入计算机，根据之前制作的分镜表对内容进行剪辑。因为有了分镜表，所以这部分的操作会比较快速，但需要注意画面要和背景音乐对上节奏。接下来进行调色，早期的广告的画面清晰度会弱于现代的高清广告，色调上偏胶片风格。画面的宽高比也不是现在的 16∶9，而是 4∶3。慢动作、升格画面较多。

视频包装。产品的落幅和开篇画面中需要展示出产品宣传语，所以需要设计这两处的画面，落幅画面如图 4-77 所示。

图 4-77
落幅画面

完成这些后，一条仿拍广告片就完成了，成片的部分截图如图 4-78 所示。

图 4-78 成片截图

第5章 拍完该剪了——后期剪辑

拍完该剪了——后期剪辑

1 剪辑基础
- 计算机剪辑软件
- 手机剪辑软件
- 名词解析
- 创建序列
- 导入素材
- 剪辑素材

2 剪辑思路
- 短视频的剪辑思路
- 音乐录影带和混剪的剪辑思路
- 实拍案例剪辑解析

3 调色
- Premiere的调色功能
- 调色的基本原理
- 色彩基调——根据主题定基调
- 插件——复古和VHS效果

4 字幕和遮幅

5 音频
- 淡入/淡出
- 左右声道
- 音效

6 其他剪辑技巧
- 升格
- 抽帧
- 定帧
- 定格动画
- 跳切

5.1 剪辑基础

剪辑指将拍摄的大量素材经过选择、取舍、分解与组接，最终形成一个连贯、流畅、含义明确、主题鲜明、具有艺术感染力的作品。剪辑的本质是讲故事，这是其基本逻辑。法国新浪潮电影导演戈达尔曾说：“剪辑才是电影创作的正式开始。”

剪辑的六要素包括信息、动机、镜头构图、摄像机角度、连贯、声音，六条原则是情感、故事、节奏、视线、二维特性、三维连贯性。

那剪辑的核心是什么？其实最核心的应该是讲一个好故事，让故事吸引人。

但好的剪辑并不只是将故事串联起来，而是要通过后期的技巧与二次创作的思维将故事升华，创造出更好的氛围与视听效果。镜头的组合是电影艺术感染力之源，通过两个镜头的并列形成新的特质，产生新的含义。

蒙太奇原理。蒙太奇也是一种剪辑理论，多指具有特殊效果的剪辑手法。蒙太奇思维符合辩证法，能揭示事物和现象之间的内在联系，让人们可通过感性表象理解事物的本质。将不同的场景镜头进行组接，会产生新的、不同的含义，这种含义是抽象的。

例如，第一个镜头是一个面无表情、看不出任何情绪的人，下一个镜头是一盘令人垂涎欲滴的烤鸡，人们就会想象出这个人想要吃烤鸡的画面。那如果还是这个面无表情的人，下一个镜头接一群飞过画面的乌鸦，人们就会想象这个人的情绪是压抑的，这就是剪辑的基础原理。通过对不同镜头的合理组接，可以营造出不同的时空关系、故事逻辑，以及人物情绪。

好的视频作品不仅是故事情节好，剪辑的质量也很重要，只有剪辑生动，才能体现一部作品的优秀。剪辑是影片创作过程中最后的一次再创作。视频剪辑就是组接一系列拍好的镜头，每个镜头必须经过剪裁和组装，才能融合为一部影片。在对素材进行剪接加工的过程中，必须要突出主题，同时合乎思维逻辑。无论是用跳跃思维还是逆向思维都要符合规律，不能为了使用剪辑技巧而脱离剧情需要。镜头的视觉代表观众的视觉，它决定了画面中的主体的运动方向和关系方向。静与动、长与短、快与慢的对比都要注意每个镜头的持续时间，这样的对比技术能使画面富有冲击力。在电影镜头的转换中常用不同的光学技巧和手法来达到剪辑的目的，我们称之为“剪辑技巧”。

5.1.1 计算机剪辑软件

好的工具是提高效率的关键，在进行后期剪辑处理时，计算机剪辑软件相对于手机剪辑软件更加专业、细致。计算机剪辑软件可以细致到每一帧的调节，在调色方面也有更多发挥空间，且能在最大程度上保留视频的细节，从而保证视频质量。普通剪辑软件对电脑性能要求不高，而更专业更细致的剪辑软件对硬件配置就较高了，当然，选择适合自己的最重要。

会声会影。其功能比爱剪辑多一些，界面简洁，容易上手操作。

Vegas。其操作简单、高效，而且音频功能强大。

Adobe Premiere。它是 Windows 系统用户最爱用的剪辑软件之一，能和 Adobe After Effects 动态链接，在包装剪辑方面非常实用。它能够识别多种格式的视频，这一点是优点也是缺点，因为导入多种格式的视频后系统极其容易崩溃，所以在开始剪辑前，一定要将所有的视频转码为统一格式。

Final Cut Pro。Final Cut Pro 是 Mac OS 专用的一款视频剪辑软件，它的操作界面简洁、清晰，先进的调色功能让每个像素都近乎完美。内置专业的调色工具，包括带色轮的专用颜色检查器、颜色曲线、色相 / 饱和度曲线，还有可随时间进度条推移调整校正的关键帧。用户可以在亮度显示范围更广的较高版本的 Mac OS 上处理高动态范围素材。其独特的色轮改进了传统的控制方式，将色相、饱和度和亮度调节功能集于一身，它特别适合初学者，自带的效果多，最重要的是它很少有崩溃的时候。

Davinci Resolve。该软件使用先进的色彩科学理论和完备的调色工具，以及节点式的工作流程，剪辑和特效不会相互干扰，能独立且协作运行。其剪辑工具与 Final Cut Pro 和 Adobe Premiere 在操作上有所不同，但原理相近，用户也可以通过设置在 Davinci Resolve 上继续使用 Final Cut Pro 和 Adobe Premiere 中的快捷键。

爱剪辑。爱剪辑操作简单且不需要付费，适合进行普通视频的剪辑，但其功能相对较少，无法满足高质量视频剪辑的要求。

剪映专业版。剪映最早推出的是手机版，最近推出了在计算机上使用的专业版，支持 Mac OS 及 Windows 系统。

剪映专业版拥有强大的素材库，支持多视频轨 / 音频轨编辑，用人工智能为创作赋能，满足多种专业剪辑需求。目前这款软件广泛应用于自媒体从业者和影视后期专业人士的视频创作工作中。

以上介绍的剪辑软件如图 5-1 所示。

图 5-1 常用计算机剪辑软件

5.1.2 手机剪辑软件

如今自媒体平台上的短视频越来越火，对于新手来说，用计算机上的专业软件进行剪辑比较麻烦，而手机剪辑软件只需要一键安装便能开始剪辑视频，配合学习新手教程，用户就能轻轻松松剪辑出属于自己的大片。

下面推荐几款常用的短视频手机剪辑软件，如图 5-2 所示。

图 5-2 常用手机剪辑软件

VUE（iOS、Android）。VUE 是一款非常“老牌”的手机视频制作软件。其使用简单，十分适合新手，无须剪辑基础，内置多款模板、滤镜，完全就是为日常剪辑视频准备的。

一闪（iOS、Android）。一闪主打 Vlog，它的曲库及滤镜十分出彩，曲风十分适合制作 Vlog，可选的滤镜种类也比较多，如电影感、美食、胶卷感等，效果很好。同时它还发展了用户社区，除了能制作视频外，还能看到许多有影响力的创作者分享的照片与视频，方便用户结识许多喜欢短视频剪辑的志同道合的朋友。

Videoleap（iOS）。无缝衔接、创意剪辑、遮罩转场应有尽有，酷炫的创意设计是它的卖点之一。它适合快剪及混剪，部分内置功能需要收费。

猫饼（iOS、Android）。比起那些专业 App 的复杂界面，猫饼不仅界面设计简洁，还贴心地推出了猫饼课堂及社区平台，供每一个用户学习和交流。它的滤镜库也值得称赞，并且还有许多可爱的贴纸，字幕样式也很多，是十分适合新手的一款软件。

iMovie（iOS）。这是一款 iOS 用户非常熟悉的软件，它能处理4K视频，同时也有许多酷炫的好莱坞预告片级模板，不过其字幕功能略显不足。

剪映（iOS、Android）。剪映是很简洁的一款剪辑工具，其操作无任何难度，支持的功能非常多，可添加贴纸、边框、文字及背景音乐等，可以选择的素材也很多，而且都是免费使用的，如图 5-3 所示。

图 5-3　剪映界面

大片（iOS、Android）。该软件涵盖大多数基本功能，拥有普通的视频编辑功能，也可以采用剧本模板一键生成大片。大片的剧本模板较多，用户可以选择喜欢的博主或风格的剧本进行导入，也可以自己生成特定风格的剧本模板并分享给其他人套用，但大部分模板需要付费。

手机软件市场推陈出新较快，日后会有更多、更便捷、更高效的软件出现，只要掌握剪辑的基本原理，各类软件都可以快速上手。

5.1.3 名词解析

时长。时长指视频的时间长度，其基本单位是秒。但是 Premiere 有更为精确的时间单位——帧，所以 Premiere 里视频显示的时间长度表述为“时: 分: 秒: 帧”。若视频为 25 帧 / 秒，则每隔 25 帧向前递进 1 秒。

帧。帧是视频的基础单位。视频的原理就是连续播放的静态图片造成人眼的视觉残留，形成连续的动态视频。1 秒的视频至少由 24 帧构成。

帧速率。帧速率的全称 Frames Per Second，缩写为 FPS，即每秒传输的帧数，单位是“帧 / 秒”，也就是 fps。帧速率越高，视频越流畅。当视频帧速率高于 24 帧 / 秒时，人眼才会觉得视频是连续的。尽管帧速率越高越流畅，但在很多实际应用场景中 24 帧 / 秒就可以了。不同格式的视频，帧速率也不同。

帧尺寸。帧尺寸就是帧（视频）的宽和高。宽和高用像素数量表示，一个像素可以理解为一个小方格。如一段 HD 视频的尺寸是 1920×1080，就代表它宽 1920 个像素，高 1080 个像素，那么可以算出 HD 的一帧画面里包含 1920×1080≈207 万个像素。帧尺寸越大，视频画面也就越大，像素数量也越多。

像素比。像素比就是每一个像素的长宽比，所以又叫长宽比。如果像素的小方格是正方形的，那么像素比就是 1.0；如果是长方形的，则通常是 0~2 的小数。

画面尺寸。画面尺寸指实际显示画面的宽和高。它是与帧尺寸相关的一个概念，例如，一段视频的帧尺寸是 1920×1080（1.0），我们可以知道其每个像素都是正方形的，因此这个视频实际的尺寸就是 1920×1080。另一段视频的帧尺寸是 1440×1080（1.333），能够算出它的宽是 1440×1.333≈1920，所以这个视频显示出来的画面尺寸也差不多是 1920×1080。某些播放器不能正确识别视频的像素比，所以会导致某些视频的画面变形。为了避免这种情况，通常直接将画面尺寸输出为 1920×1080（1.0），如图 5-4 所示。

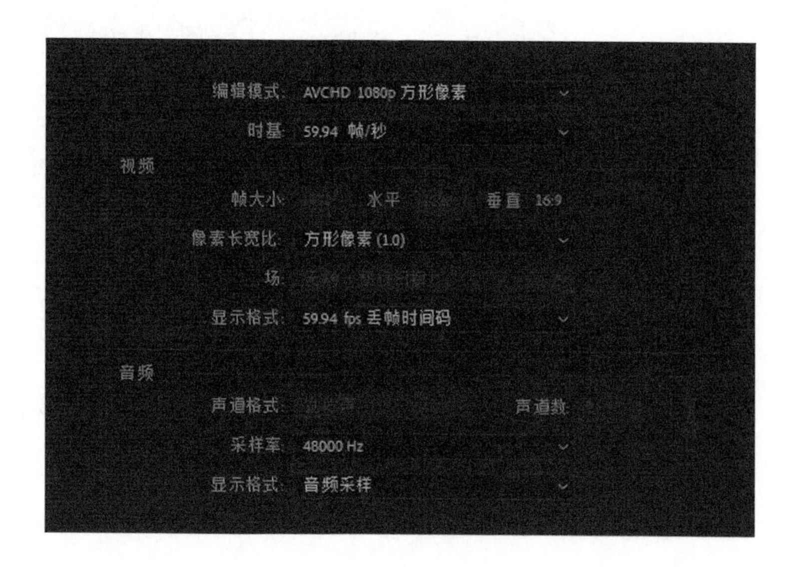

图 5-4
画面尺寸

深度。在 RGB 颜色模式中，有 8 位、24 位和 32 位颜色深度。颜色深度（Color Depth）用来度量视频画面中有多少颜色信息可用于显示，其单位是“位”（bit）。对应到 Premiere，8 位是指画面（图像）中一个通道的深位，一个 R 通道有 2^8 个灰度级别，R、G、B 3 个通道组成 24 位（3×8=24）图像，这就是常见的 24 位。三原色可以自由组合出约 1670 万种颜色。32 位一般是多了一个 alpha 通道，也就是蒙版（Mask）。

画面比例。画面比例指视频画面实际显示的宽和高的比值，也就是我们通常说的 16∶9、4∶3、2.35∶1 等。例如一个 HD 视频的画面尺寸是 1920×1080（1.0），那么它的画面比例就是 1920×1/1080=16∶9。新手会遇到这样的一类问题，就是画面生成之后，画面的上下或者左右会出现黑边，这时候就要检查原始视频素材的画面比例和导出视频的画面比例是否一致。

场序。场序是比较专业的一个概念。场分为高场（上场）、低场（下场）和无场。如果视频的场序弄错了，视频中就会产生大量的横纹，还有可能会出现抖动、模糊现象。通常会建立一个无场（逐行扫描）的序列，这样可以避免出现上述问题，如图 5-5 所示。

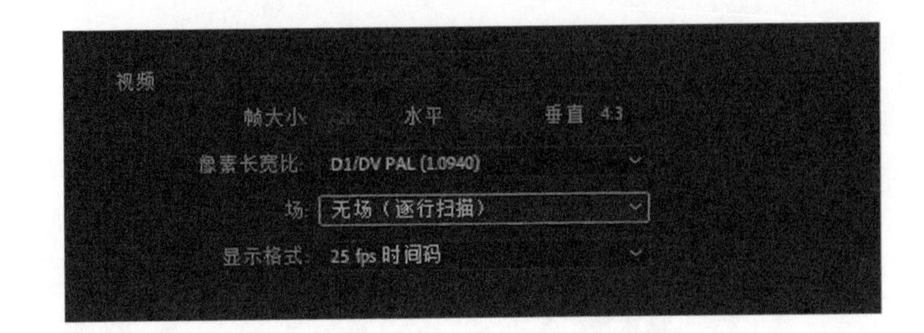

图 5-5
场序

隔行和逐行。隔行和逐行分别用 i 和 p 来表示，其是从早期电视中延伸出的概念。逐行扫描的场序是无场，隔行扫描的场序是高场或低场。它们之间可以简单换算，50i 相当于 25p。在 Premiere 中，大多数人通常建立 25p 的序列来制作 50i 的素材。

采样率。采样率也称为采样速度，是指计算机单位时间内能够采集多少个信号样本，它用赫兹（Hz）来表示。

声道。声道指声音在录制或播放时在不同空间位置采集或回放的相互独立的音频信号，声道数也就是声音录制时的音源数量或回放时相应的扬声器数量。从声道数量上进行区分可分为单声道、双声道、多声道，从声音塑造的感觉进行区分可分为单声道和立体声。

声轨。声轨指一段视频里包含的不同的独立的声音轨道。例如 DVD 里的中文轨道、英文轨道等，它们彼此独立，互不影响，可以在播放器里切换声轨，如图 5-6 所示。

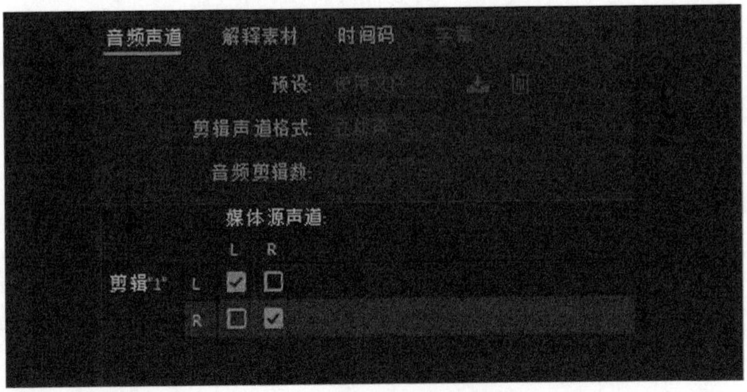

图 5-6
声轨

声音深度。声音深度和视频深度类似，也有 16 位、24 位等，一般来说用 16 位就够了。

高彩色。一种 16 位的图像数据类型，最多可以包含 65536 种颜色。TGA 文件格式支持这种类型的图像。其他文件格式要求预先将高彩色图像转换成真彩色图像。从显示角度来说，高彩色通常是指最多能显示 32768 种颜色的 15 位显示适配器。

故事板。故事板是影片的可视化呈现，各个素材以图像缩略图的形式呈现在时间轴面板上。

关键帧。关键帧指素材中的特定帧，即被标记为用于进行特殊的编辑或其他操作的帧，以便控制完成动画的流、回放或其他特性。例如，应用视频滤镜时，对开始帧和结束帧指定不同的效果级别，可以在视频素材从开始到结束的过程中展现出视频的显示变化。创建视频时，为数据传输要求较高的部分指定关键帧，有助于控制视频回放时的平滑程度。

编码解码器。编码解码器用于实现压缩和解压缩。在计算机中，所有视频软件都使用专门的程序来处理视频，此类程序称为编码解码器。

淡化。淡化是一种转场效果，其中的素材会逐渐消失或显示。在视频中，画面将逐渐变成单色，或逐渐由单色发生变化；对于音频，此转场效果可以从最大音量变成完全无声，或从无声变为最大音量。可以设置淡化过程的时长。

合成视频。合成视频是包含亮度和色度的视频信号。

5.1.4　创建序列

在掌握了剪辑的基础知识后，我们就可以开始着手剪辑一条视频了。

通常拿到素材后，我们需要先整理素材，视频素材通常非常庞大，因此需要大容量的硬盘。如果计算机的硬盘空间不足，大量素材可能会降低整台计算机的运行速度，此时可以选择用外置硬盘保存大量的素材，并对所有素材进行合理的分类，如视频素材、图片素材、音乐素材、工程文件等。

下面就以 Premiere 为例，讲解视频的基础剪辑方法。

打开软件后第一步就是新建项目，新建的项目主要用于保存软件生成的 .prproj 格式的项目文件，也是为了方便后期再次进行编辑。在菜单栏中选择“文件→新建→项目”。

弹出“新建项目”对话框，如图 5-7 所示，在“名称”文本框中给项目命名，第二栏是项目文件保存的位置，将文件保存到新建的项目文件夹中，方便管理。存放素材和项目的硬盘一定要有足够的空间，因为剪辑过程中会产生大量的缓存文件，这些文件很占硬盘空间。这两项处理好后，其他设置先不管，单击“确定”按钮，项目就新建好了。

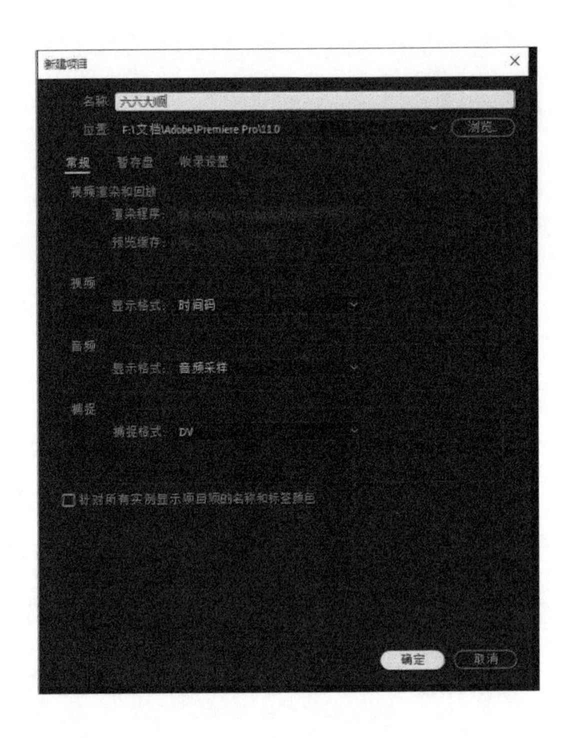

图 5-7
新建项目

项目创建好后，进入软件的操作界面。我们还需要新建序列，新建序列的意思是确定视频的尺寸、分辨率、帧速率。选择“文件→新建→序列”，弹出“新建序列”对话框。

在“序列预设”选项卡中可以选择不同类型、品牌的摄像机对应的格式预设，在没有特殊需求的情况下，就选择“AVCHD”中的“1080p”，“AVCHD”是高级视频编码，“1080”代表视频尺寸 1920×1080，“p”是逐行扫描的意思。这里选择“AVCHD 1080p25”，其中“25”代表帧速率，一般情况下选择“25”就可以了，如图 5-8 所示。

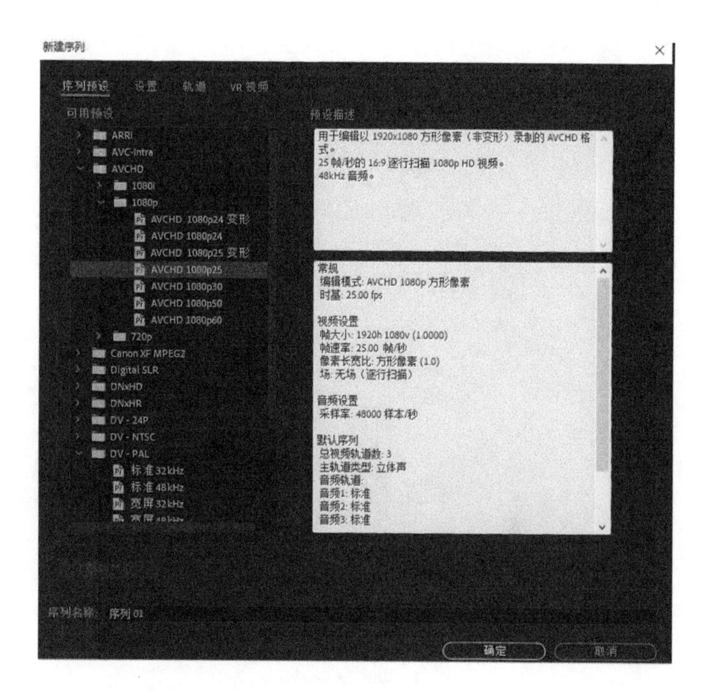

图 5-8
新建序列

如果需要自定义视频尺寸，可以在“设置”选项卡的“编辑模式”中选择“自定义”，然后修改尺寸参数，再单击“确定”按钮，如图 5-9 所示。

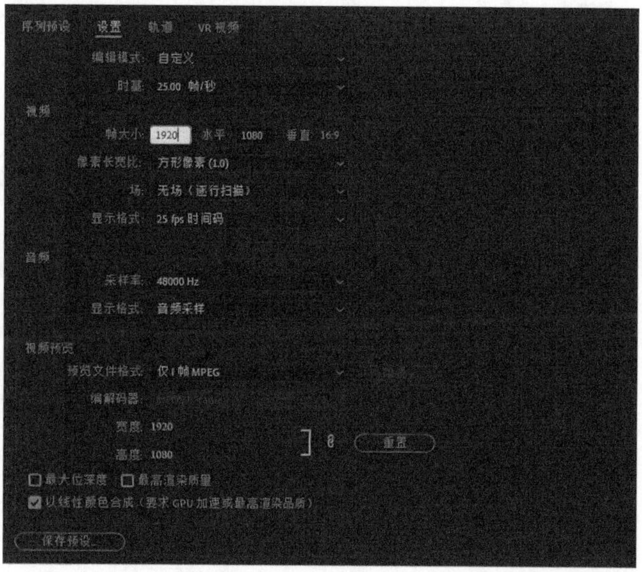

图 5-9
自定义尺寸

5.1.5 导入素材

完成项目和序列的创建后，我们就可以将自己拍摄的素材导入 Premiere 中了。导入素材有以下几种方式：在“文件”菜单中选择“导入”，然后选择需要的素材；在“项目”面板中双击，然后选择需要的素材；还可以将素材直接拖到“项目”面板中，如图 5-10 和图 5-11 所示。

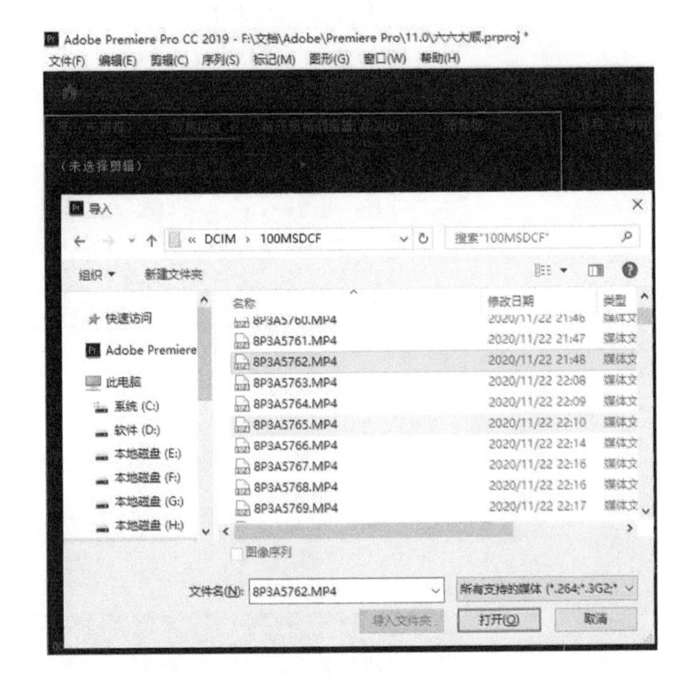

图 5-10
通过“文件”菜单导入素材

图 5-11
直接拖入素材

5.1.6　剪辑素材

将素材导入软件后，接下来就需要将素材拖到时间轴面板中开始剪辑，如果弹出“剪辑不匹配警告”对话框，如图 5-12 所示，说明新建序列的尺寸和素材大小不匹配。在弹出的对话框中可单击“保持现有设置”或者“更改序列设置”按钮，一般单击“保持现有设置”按钮，然后修改视频尺寸。

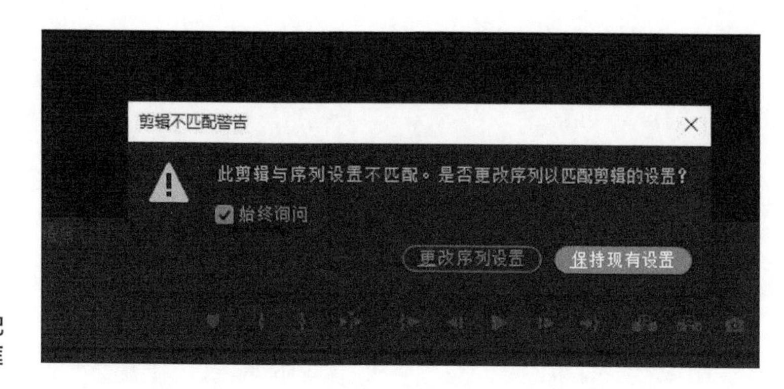

图 5-12
“剪辑不匹配警告”对话框

把素材拖到时间轴面板中后，可以看到时间轴面板中就有了素材的视频和音频轨道，在“节目”面板中可以对视频进行预览。按空格键可以播放和暂停播放视频，也可以拖动时间标尺上的蓝色角标快速预览视频及寻找剪切点，在工具栏中找到剃刀工具就可以开始剪辑了，如图 5-13 所示。

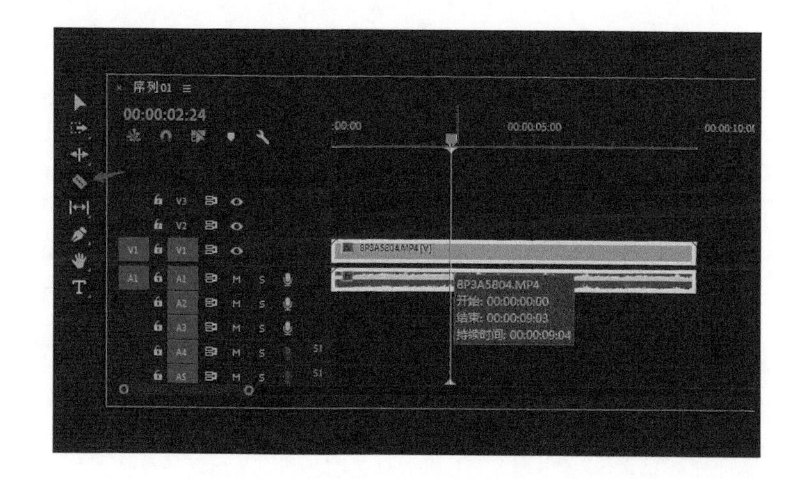

图 5-13
时间轴面板

5.2 剪辑思路

剪辑是将视频打乱再重组的过程，是体现导演思想的重要手段之一。

剪辑需要特别注意以下 4 个方面：短视频整体思路、音频音效、镜头重组、特效转场。

短视频整体思路

导演的思想指引着剪辑的方向，了解短视频的开头、故事、转折、高潮、结尾，由中心思想向外扩张，选取合适的、有特点的剪辑风格，这些是开始剪辑前需要思考的。

我们可以把剪辑视频比作玩游戏，刚开始接触一个游戏的时候，我们不知道所有的操作，也不会所有的技能，只知道工具在哪里，怎样才算赢一局。剪辑也是如此，最开始的时候，我们只需要掌握基本操作，如连贯转场、配乐、导出等，尽管剪的短视频并不精致，但只要能做出一个短视频就是很好的开端。

一段时间之后，我们会更有经验，这时候可能会遇到一些问题，例如普通工具已经不能满足要求了，需要一个高性能的工具。这时候需要先明确自己的问题，问题足够清晰时，答案也就找得又快又准确。例如在剪辑过程中觉得自己的转场太生硬了，我们就可以去单独找这个问题的解决办法，将漏洞各个击破。从生硬的内容开始慢慢改进，到后面能做出连贯、顺畅的内容，并能巧用音乐优化视频，这些练习都会帮助我们走得更稳、看得更远！

剪辑视频相当于二次创作，不管是剪现有的素材，还是自拍自剪，都要具备后期导演的思维。首先要熟悉素材，多思考怎么将它们组合才能产生戏剧冲突，就像有一堆食材摆在面前，我们要想怎么搭配、煮菜、摆盘。其次，要学会找到镜头感，例如音乐此刻是忧伤的，就该用相应镜头搭配此刻的氛围。要去感知情绪，配乐和镜头是相辅相成的。

还有就是要有共情的能力，找准视频的受众人群，要站在他们的角度，了解他们想看什么样的短视频，明白短视频打动人心的点在哪里，思考他们在看到一个镜头后会进行怎样的联想，然后就可以把握短视频的节奏了：何处要顺着惯性思维，何处要出其不意，何处要有转折，何处要留遐想。剪辑的目的是通过短视频让别人了解我们想表达的东西。

音频音效

在确定好短视频风格的前提下，选择需要的音乐风格和节奏。需要考虑音乐的时长、风格、节奏、旋律、音色等众多因素。不同镜头内容应配不同的音效，如开门声、走路声、环境音等。

节奏。快节奏的音乐适用于快速切换画面的短视频，要根据视频风格选择音乐节奏。

旋律。尽量选择旋律简单的音乐。

音色。注意选用纯器乐类的音色，而不是数字合成的音色。

镜头重组

在确定音频的基础上，根据音乐节奏的变化，调整镜头的组合方式。在重组镜头时要注意画面构成、色彩搭配、情节体现、转场顺畅等众多因素。

特效转场

特效转场的方式有很多，使用较多的 3 个方式为叠化、闪黑、闪白。

叠化。通常用于故事片中节奏紧凑的衔接部分。

闪黑。通常用于不同故事内容的转场，或时间变化的镜头衔接部分。

闪白。通常用于回忆镜头或其他明亮画面的衔接转场等。

在混剪影片中还有更多的特效转场方式，如遮罩转场等。

5.2.1 短视频的剪辑思路

开始剪辑前，我们要先了解必要的视听语言和每个景别的含义。

远景。时空背景，表明故事发生在哪里，如图 5-14 所示。

图 5-14
电影《月升王国》中的远景

全景。戏剧场景，表明人物在哪里，如图 5-15 所示。

图 5-15
全景

中景。人物动作，表明人物在做什么事情，如图 5-16 所示。

图 5-16
中景

近景。人物表情，表明人物在想什么，如图 5-17 所示。

图 5-17
近景

特写。场景细节，提醒观众需要注意一些什么，如图 5-18 所示。

图 5-18
特写

倘若初学者对这些概念还没有确切的认知，那么在了解了一些基础概念后，就需要自己上手操作一次。在进行剪辑实操的时候，可以很清楚地明白缺少了什么镜头，重复了什么镜头，哪种镜头可以传达什么内容。还可以进行“拉片”练习，将好的电影认真地看几遍，记录下电影里分镜头的设计，研究一下为什么要这样安排，这样安排可以传达什么意思。这也是个非常好的学习方式。

在了解完不同画面代表的意思后，就可进行画面的组接了。那么画面又该如何进行组接呢?

将短镜头快速剪切在一起，可以强调焦急或愤怒的情绪；将长镜头组接在一起，可以强调忧伤的情绪；将队列画面组接在一起，能够将画面中的内容进行对比、关联，强化画面情绪。

将景物镜头放置在片头或片尾，能起到铺垫情绪的作用，也可以用于调节视频的节奏；放置在段落中，则可以作为转换场景或用于表现主体人物的情绪，如图 5-19 所示。

图 5-19
景物镜头

在故事型短视频的剪辑中，我们通常需要给情绪留一些时间。观众通常会感觉到这跟短视频中的人物有种联系，那是因为他们在演员开口说台词之前有观察演员表情的时间，这个时间就是留的酝酿情绪的时间。《花样年华》中，张曼玉开口前有一个 4 秒的长镜头，能够表现人物内心的复杂情绪。

剪辑的主要工作是控制节奏。当画面中有许多身体动作的时候，剪辑节奏要快一些；当画面多为情绪表达的时候，剪辑的节奏就要慢一些，也更适合使用长镜头。

故事型短视频还可能面对一个问题——轴向问题，即 180° 法则。简而言之，就是不要让自己和自己对话。在两人面对面交流的拍摄场景中，当确定了一台机器的位置，那么在交流的两人之间就形成了一条虚拟的直线，而拍摄两人的机器要在这条直线的同一侧，即这两台机器形成的拍摄角度不超过 180° ，这就是所说的 180° 法则。下面以两人对话时的正反打镜头为例，如图 5-20 所示。

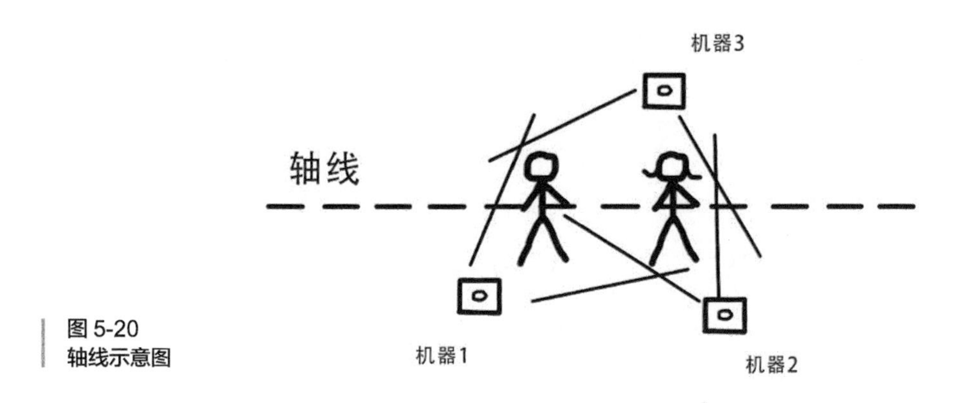

图 5-20
轴线示意图

根据 180° 法则，当确定了机器 1 的位置后，拍摄正反打镜头的时候只能在机器 2 的位置，倘若在机器 3 的位置拍摄正反打镜头，则视为越过轴线（越轴）。这样的镜头会让观众产生视觉上的错位感，仿佛以旁人的视角看两人对话，丧失了代入感。但越轴也并非在所有情况下都不可使用，有些影片为了表现特殊的效果，也会拍摄越轴镜头，这就要根据影片的分镜设计及表现形式而定了。

技术上的不足可以靠时间弥补，如何讲好一个故事才是我们需要好好思考的。

5.2.2 音乐录影带和混剪的剪辑思路

接下来介绍音乐录影带和混剪的剪辑思路。

音乐录影带

有的人可能认为音乐录影带只是一些意义不明的镜头的堆砌，但在短视频发展迅速的今日，音乐录影带的制作水平已经有了突飞猛进的发展。一部好的音乐录影带，从头至尾所有镜头都由一条主线贯穿，能让观众清晰地感受到音乐录影带要表达的意思，这也是拍音乐录影带的意义所在——让人更直接地了解这首音乐并喜欢上它。

节奏感。拍音乐录影带最重要的是要把握视频的节奏，画面的内容、故事的情节与转折需要和音乐的起伏很好地结合起来。这一点说起来容易，真正做起来却并非那么容易，培养乐感也很重要。所选取的音乐的节奏决定了整部音乐录影带的风格与基调，在组接镜头的时候，就要完全遵循音乐的节奏来控制画面切换的速度，这样给人的感觉才是协调的、舒服的。

制作音乐录影带并不是把画面对上音乐就行，还要考虑画面本身的内容、节奏及人物的动作等因素，再配以合适的音乐，才能真正做到音乐和画面的合二为一。

镜头搭配。任何一个镜头都是有一定张力的，这种张力就是画面的表现力。值得注意的是，在音乐录影带中应慎用对白，因为对白会涉及录音，没有录音只有嘴在动的画面会很奇怪，对白又会涉及剧情占比的问题，有对白的剧情不可过多，否则会影响音乐录影带的内容。

镜头转场。用剪辑软件处理的镜头转场都称为技巧转场。

利用空镜头。空镜头的画面可以很丰富，有很强的表现力，风、花、雪、月、城市、灯光等空镜头，都能使音乐录影带更加有表现力、更加出彩。

精心设计前奏、间奏、尾奏部分。有些音乐录影带的作者会忽略音乐的前奏、间奏和尾奏部分的设计。实际上，这几部分如果设计得当，会成为音乐录影带中的一大亮点，能够实现整部音乐录影带的升华。但如果设计不当，就会成为整部音乐录影带的败笔。

混剪

关于混剪，很多人可能会陷入一个误区，认为只要音乐够“燃”、画面够炫，就是一个好的混剪。其实不然，平静的画面，安静的音乐，也可以混剪出优秀的作品。

那一部优秀的混剪作品应该具备哪些条件呢？

明确的主题。我们在欣赏很多高手的作品时不难发现，优秀的混剪作品都有一个明确的主题，要么有趣，要么深刻，这是混剪中最重要的一点。只有主题明确了，大家才能理解你想表达的内容，你的作品才能打动别人。混剪的第一步，就是要为你的作品构思一个主题和剪辑思路。一个有趣、清晰的思路能帮你厘清混剪的结构，也可以让你在寻找素材时更有针对性。

例如一个单一的主题“跳舞”，你可以列一个片单去寻找某个导演、某个演员，或某一时期所有影片中“舞动”起来的画面。当然你可以再把跳舞分成优雅、浪漫、滑稽、激情等不同的情感和氛围段落；又或者另一个主题“人生百味”——喜、怒、哀、乐……

一部好的混剪作品，其情绪表现必然有几个起伏，而不是一条直线。爆发之前必然压抑，高潮接着平静，有低才有高，有慢才有快，节奏和情绪都是回旋推进的。

有逻辑。简单来说，混剪就是将众多素材按一定的逻辑剪辑到一起。因此这个逻辑就很重要，它也是做好混剪的重要条件。什么镜头接什么画面，什么动作接什么画面，什么声音接什么画面。优秀的混剪，其所有的画面都符合剧情的需要，并按照一定的逻辑连接在一起，而不是生搬硬凑或随意组合。

在进行镜头剪切时，一定要注意镜头之间的逻辑关系，两组镜头之间应当有情绪的递进或承接。这种关联性可以是相同的视觉主体，可以是类似的动作或者场景，也可以是镜头间相似的运动走向。例如上一秒动作是跳跃，下一个镜头可接落地或者下坠等；或者是同类动作场景的串接，例如不同场景的走路等。

有规律。一部优秀的混剪作品，其镜头的节奏要符合基本的组接手段和规律，且镜头的前后发展与衔接、转换的快慢也应有所变化。根据节奏进行控制和组接，画面的呈现效果才会更加流畅、舒适。

音乐节奏。好的剪辑作品都应该是抑扬顿挫、有情绪起伏的。音乐对于混剪来说是用于烘托情绪的，是激发观众兴趣的重要手段，一段合格的混剪音乐必定要与画面节奏、主题匹配。在进行剪辑时，注意不要把所有的镜头都压在音乐节奏上。这样首先会显得呆板，其次如果将所有的镜头都压在节奏上，等到高潮部分在用音乐节奏烘托气氛、带动观众情绪时，就很难达到理想的效果。

不同的段落、不同的情绪需要不同的音乐。一段好的音乐，也不会巧合到正好符合整段影片的节奏。所以，对音乐拼接、截短、延长、急收、急起的应用都是剪辑师的必修课。不同段落之间的音乐转换是一个关键的节点，前一个段落是需要一段收尾音乐营造结束感，还是需要在一句台词完成后加一个瞬间反转，迎来下一段音乐的直接爆发，都是不同的处理方式。

5.2.3 实拍案例剪辑解析

整理好了思路后，我们就可以来试试剪辑一个短视频。

我们可以直接根据拍摄前做的分镜表来剪辑短视频，这样剪辑的思路会十分清晰，也会节省很多时间。

若在拍摄之前并没有做详细的计划及分镜，那么这样拍出来的视频片段又该怎么剪辑成一个短视频呢？我们可以看看下面这个案例。

提炼内容

我们先打开拍摄的素材片段，查看并分析它们的共同点，如图 5-21 所示。

图 5-21
素材

从图中可以看出，拍摄的内容基本都是一些个人片段，没有具体内容，没有台词，没有明确的故事线。我们可以从中提炼一些关键字，例如“独居”“孤独”，情绪方面主要表现为平静、若有所思。这些关键词其实也是当今社会独居年轻人的常态，我们可以发散思维，看如何赋予这些视频一些具体的意义，如图 5-22 所示。

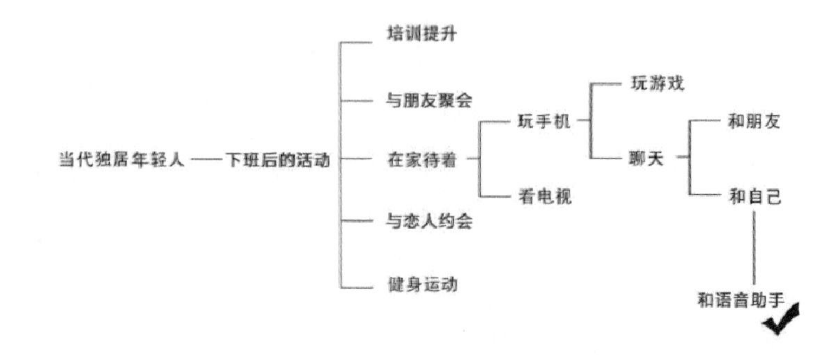

图 5-22
发散思维

通过以上的推导，我们找到了一个合适的故事走向——独居年轻人和语音助手进行对话，这个内容既贴合提炼的关键词，也贴合当今社会的一些趋势。

设计剧情

找到剪辑的核心思路后，我们可以开始设计剧情了，在和语音助手对话的过程中，我们通常会聊些什么呢？既然是体现“独居”与“孤独”，那么思考的方向应该倾向沟通与探寻。沟通了解对方的生活，探寻一些本质的问题。

开头先打招呼，如图 5-23 所示。

图 5-23
视频截图 1

然后开始沟通，像朋友一样聊天，问问“你在干吗”，如图 5-24 所示。

图 5-24
视频截图 2

接着语音助手的回答继续问下去，例如上页图中它回答了“我正在思考什么是永恒”，那么可以继续问“那什么是永恒”，如图 5-25 所示。

图 5-25　视频截图 3

接下来还可以问些朋友之间的问题，如“你喜欢什么”，如图 5-26 所示。

图 5-26　视频截图 4

在短视频内容过半，背景音乐开始转折的时候，我们可以开始转换“聊天”的方向了，如图 5-27 所示。

图 5-27　视频截图 5

可以问一些关于生活且符合大家日常思考习惯的问题，如关于生活的本质，关于离开等，如图 5-28 和图 5-29 所示。

图 5-28　视频截图 6

图 5-29
视频截图 7

在视频结束的时候，这里展示了人物与语音助手的两个对话，没有配人物或场景画面，而是用了画外录音和背景音乐一起收尾，如图 5-30 和图 5-31 所示。

图 5-30
视频截图 8

图 5-31
视频截图 9

到此，短视频的结构就基本铺好了，如图 5-32 所示。

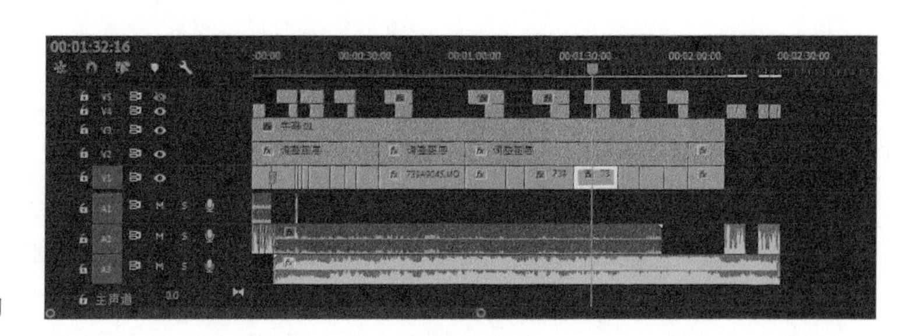

图 5-32
短视频的结构

进行色调处理

在铺好短视频的结构后，我们就可以对其进行调色了。

短视频的整体色调定为蓝色，这样比较贴合夜色，而且蓝色有一种冷静、孤寂的感觉，和短视频的主题比较贴合。

具体的参数设置如图 5-33 所示。

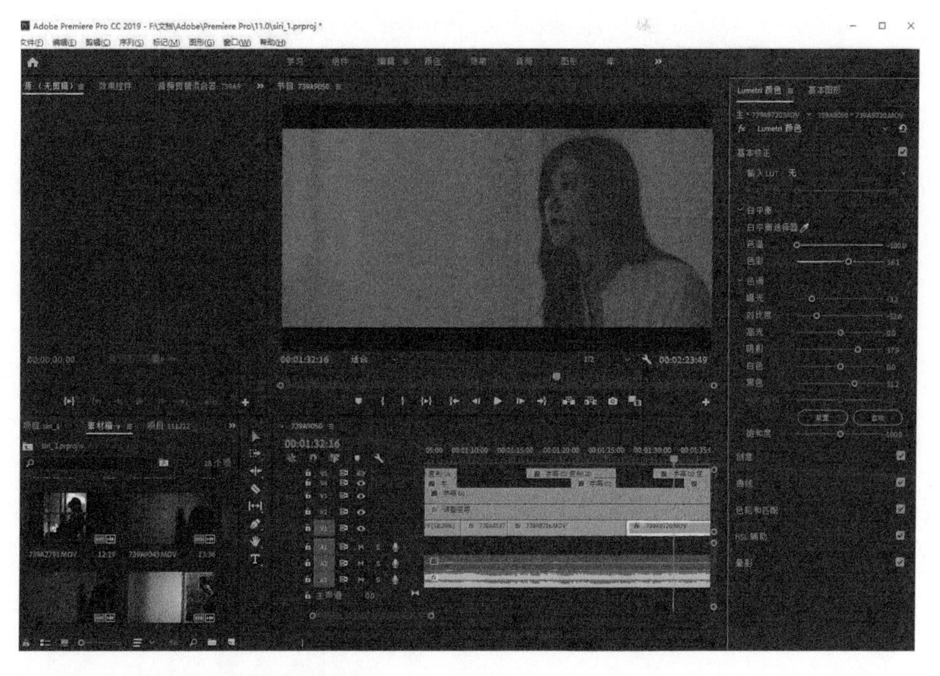

图 5-33　Premiere 中的参数设置

通过以上思路和方法，我们把这些零碎的片段串联起来了，整条短视频就像是一次与心灵的对话，表现了当今社会中一些与智能产品有关的现象。大家也可以根据自己拍摄的片段的实际情况，发散思维，进行二次创作。

5.3 调色

调色是视频后期制作中必不可少的重要环节。每个人调出的色调都不一样，具体的色调还得看个人的感觉。后期调色也就是对拍摄的视频进行调整，设置“曝光”“白平衡”“色彩平衡”，然后使视频的色彩风格一致。

5.3.1 Premiere 的调色功能

Premiere 的调色主要在“Lumetri 颜色”中进行。

基本校正

输入 LUT。可以使用 LUT 作为起点对素材进行分级。

白平衡。用于调节拍摄时的采光，可改变环境色。

白平衡选择器。选择调整区域的白平衡效果。

色调。调节视频色彩的整体倾向。

曝光。扩展高光区域，提升亮度。

高光。调整高光部分。

对比度。改变中间色调。

黑色 / 白色。调整该参数可以让黑的更黑，白的更白。

饱和度。增加颜色的浓度。

更多参数如图 5-34 所示。

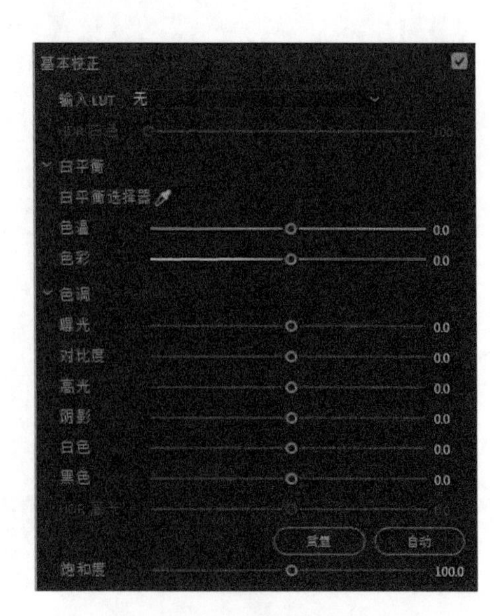

图 5-34 “Lumetri 颜色”中的“基本校正”

创意

Look。下拉列表，可在本地文件夹中找到预设效果。

强度。控制滤镜的强弱，强度越高，滤镜效果越明显。

阴影色彩。控制阴影的颜色。

高光色彩。控制高光的颜色。

色彩平衡。控制色彩的平衡程度。

更多参数如图 5-35 所示。

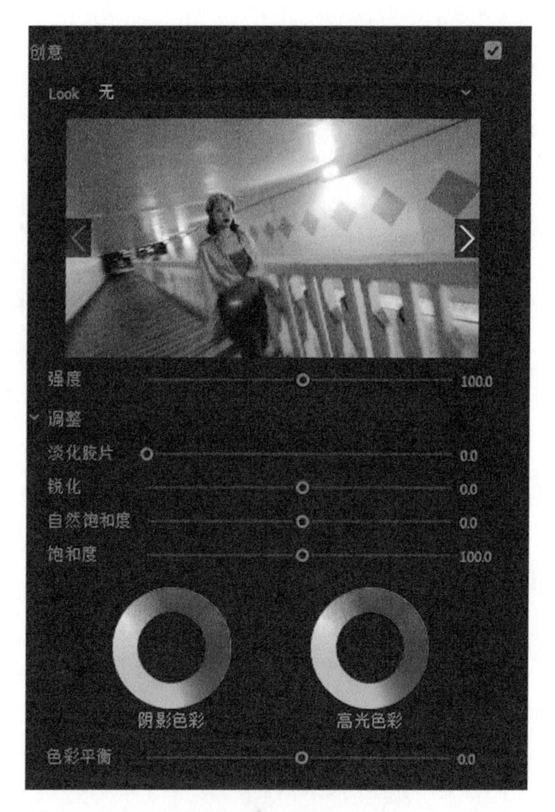

图5-35　“Lumetri 颜色”中的“创意”

色轮和匹配

中间调。控制视频的中间调颜色。

阴影。控制视频的阴影颜色。

高光。控制视频中比较亮的部分，例如让高光颜色偏移。

更多参数如图 5-36 所示。

图5-36　“Lumetri 颜色”中的“色轮和匹配”

HSL 辅助

控制想保留的那些颜色，用吸管吸取一个颜色，然后勾选“彩色 / 灰色”复选框，再调节“H”“S”“L”的阈值，如图 5-37 所示。

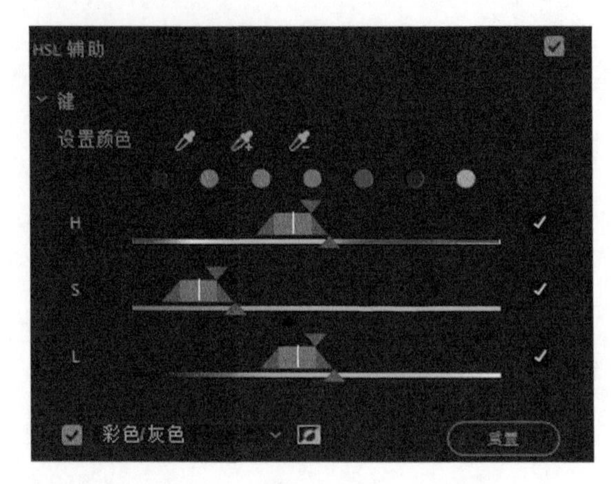

图 5-37 “Lumetri 颜色”中的“HSL 辅助”

5.3.2 调色的基本原理

调色通常可以分为两级：一级调色和二级调色。一级调色是整体调色，二级调色是局部调色。

一级调色

一级调色就是定准，让白色是白色，黑色是黑色，也就是校色。一级调色包括调节色温、黑白场、肤色、对比度、色彩饱和度。调节选项中有一个白平衡选择器，其后面有个滴管工具，选择它然后单击画面中白色的部分，这一步叫作校准白平衡，如图 5-38 所示。

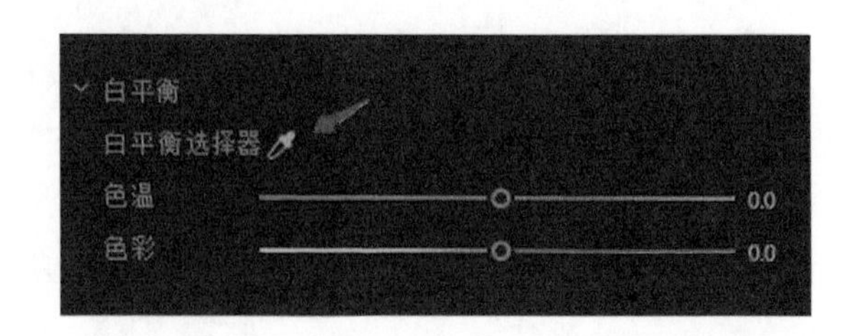

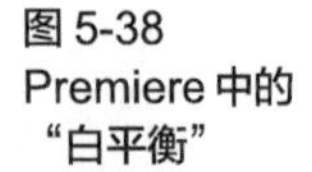

图 5-38 Premiere 中的“白平衡”

在一级调色时，一般会将白场从 85% 到调 95%，黑场从 15% 调到 5%。要注意的是，画面中有很白和很黑的部分才可以这样调整。如果素材中没有很白和很黑的部分，就要根据实际情况调整。将色温、对比度、色彩饱和度都调到合适的值。

用曲线调整黑白场、对比度，要根据实际情况来调整。

调节色彩饱和度时，如果是 LOG 格式的视频素材，则将色彩饱和度调至 80 左右；如果是 HLG 格式的视频素材则调至 65 即可。

选择 HSL 辅助功能，用吸管工具吸取人物皮肤的颜色，勾选“彩色 / 灰色”复选框，如图 5-39 所示。

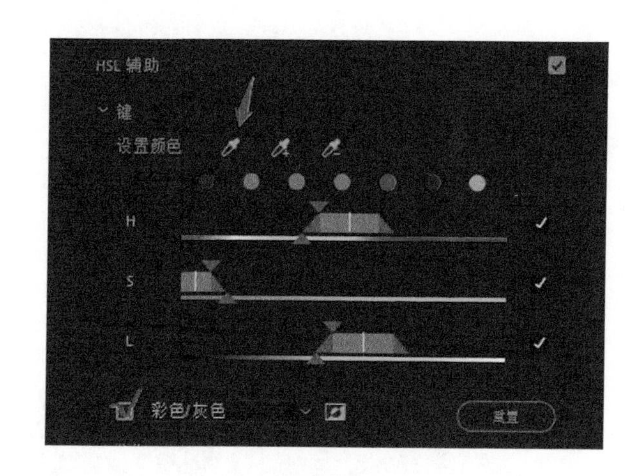

图 5-39
勾选“彩色 / 灰色”复选框

选择带有加号和减号的吸管工具在视频画面上操作，目的是将人物轮廓显示出来，然后用吸管工具不断拾取皮肤部分，如图 5-40 所示。

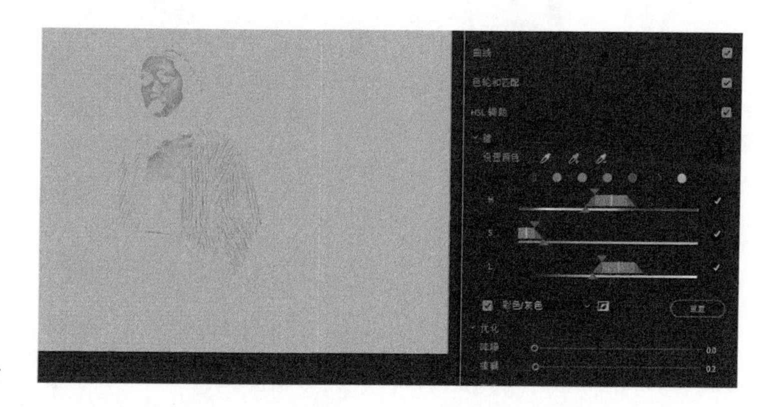

图 5-40
拾取肤色部分

全部拾取出来后，添加模糊效果，让边缘过渡得更加自然，如图 5-41 所示。

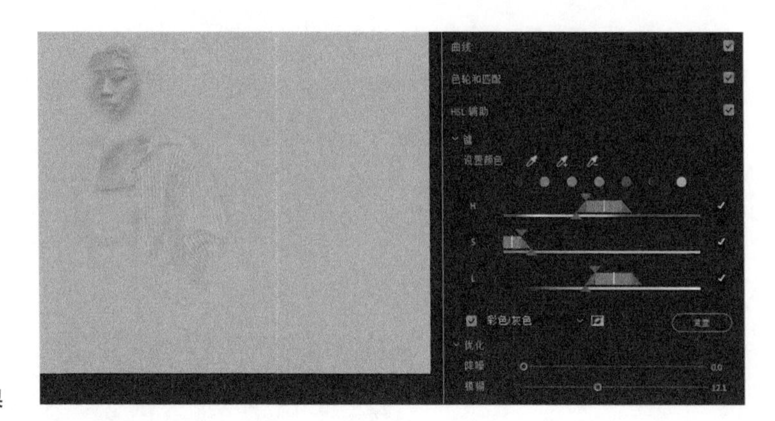

图 5-41
添加模糊效果

在“更正”里选择“三色调”，提高“中间调”的亮度，这样皮肤就变白了，最后取消勾选“彩色 / 灰色”复选框即可，如图 5-42 所示。

图 5-42
“更正”选项

二级调色

二级调色主要调整的是高光、中灰、阴影，一定要注意调整中灰时肤色的变化，因为肤色一般都集中在这个区域。二级调色时会用到稳定、遮罩、追踪等功能。

通常我们会在二级调色中做一些风格化的处理，具体的方法接下来详细介绍。

5.3.3 色彩基调——根据主题定基调

在完成视频的基本校色（也就是一级调色）后，我们可以根据视频的风格定位，对其进行风格化的二级调色。

日系文艺——清新通透

日系文艺风短视频的色调都比较清新通透，画面柔和，对比度低，且画面偏亮，让人有很亲近的感觉。

要让画面通透，可以通过调节“高光”“阴影”“白色”“黑色”“对比度”“曲线”来实现。这一步通常会在一级调色的时候完成，到二级调色的时候，我们可以根据具体需求再对这几个选项进行调节。利用曲线调整各个颜色通道的层次，让画面中的颜色鲜活起来。提高“黑色”色阶的值，画面中的“死黑”部分会减淡，黑色减淡了，画面就少了些厚重感。

再就是视频色调的调整，日系文艺风的短视频大多色调柔和，不会有强烈的色彩对比，色彩的饱和度也不会过高。可通过“HSL 辅助”来调节每个颜色的亮度、饱和度、色相等，从而使各个颜色在画面中呈现的效果都比较柔和，如图 5-43 所示。

图 5-43 日系文艺风示例

复古——胶片风/VHS 风

复古短视频也可以分为两种，一种是早期电影里那种浓郁的胶片风短视频，另一种是早期电视广告中的 VHS 风短视频。

胶片风短视频。顾名思义，胶片风短视频的整体色调都会比较类似胶片的成色效果，胶片风的主要特点是色温偏暖或者色调偏绿，这可以通过调节“白平衡”来实现，如图 5-44 所示。

图 5-44 白平衡

在整体质感方面，复古短视频的对比度都比较高，这会让短视频有更浓烈的效果，具体参数如图 5-45 所示。

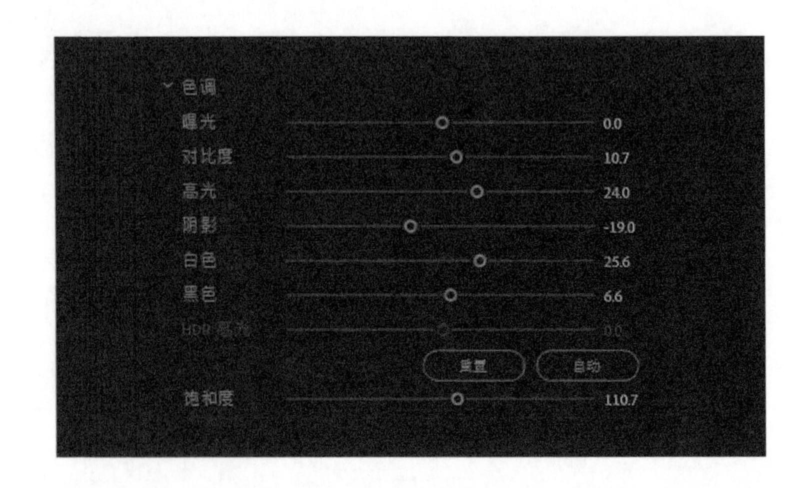

图 5-45 具体参数

然后通过调节“HSL 辅助”中的选项，对局部颜色进行调整，如图 5-46 所示。

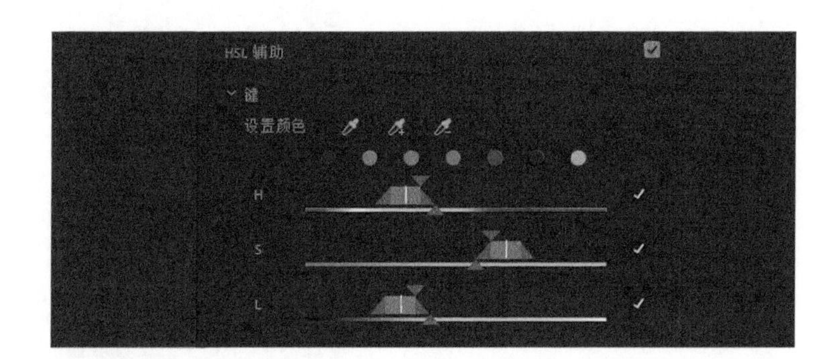

图 5-46
HSL 辅助

对于胶片色调的模仿，我们重要的是要了解其风格特色，分析调色思路。不同胶片之间的特性也是不一样的，有的胶片对红色的表现效果非常好，因此人物的皮肤可以呈现很好的光泽感；有的胶片对绿色的表现效果很好，反差大，对比强，适合色彩对比强、光比小的场景，例如草原、森林等，但其对日落、夕阳等的表现效果则不是特别好。通过了解这些分析内容，我们就可以对短视频进行风格化调色了，提高对比度、饱和度，或是让暗部偏黄、偏绿，高光区域偏青、偏黄，或是降低蓝色、紫色的显色度等。

调色方式并没有一个标准，但有了调色的思路，一切问题便可迎刃而解，如图 5-47 所示。

图 5-47
港风复古色参考

VHS 风短视频。VHS 格式是由 JVC 公司首创，松下、日立、夏普等公司大力推广使用的家用视频系统盒带摄像机格式。VHS 格式有个明显的特点——图像质量低，在 20 世纪 80 年代应用得比较多。在色彩上，VHS 风格的短视频饱和度偏低。

如今我们拍摄的短视频至少也是 1080p 的，比 VHS 时代清晰不少。那么为了模仿 VHS 风格，我们需要降低视频质量，增加杂色数量，调整相关参数，让画面中有噪点，如图 5-48 所示。

然后在“快速模糊”中调整相关参数，参数不用设置太高，避免画面过度模糊，如图 5-49 所示。

接着选择“色调分离”，并进行相关调整，如图 5-50 所示。

在“浮雕”中设置“起伏”值，让视频有种 VHS 风格的过度锐化的感觉或者说浮于纸上的感觉，如图 5-51 所示。

最后调节“彩色浮雕”中的相关参数，增加一些分离感，如图 5-52 所示。

图 5-48　杂色

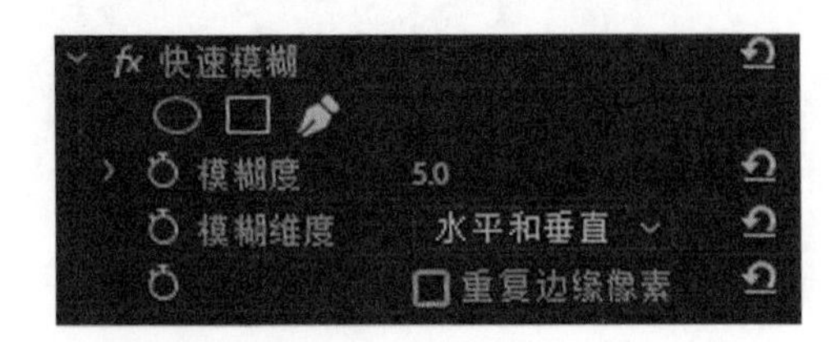

图 5-49　快速模糊

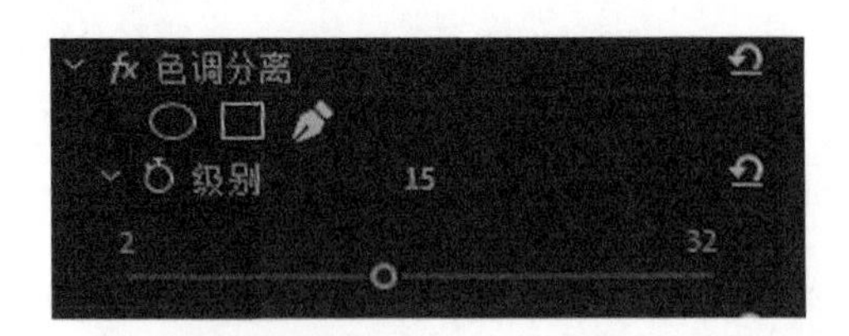

图 5-50　色调分离

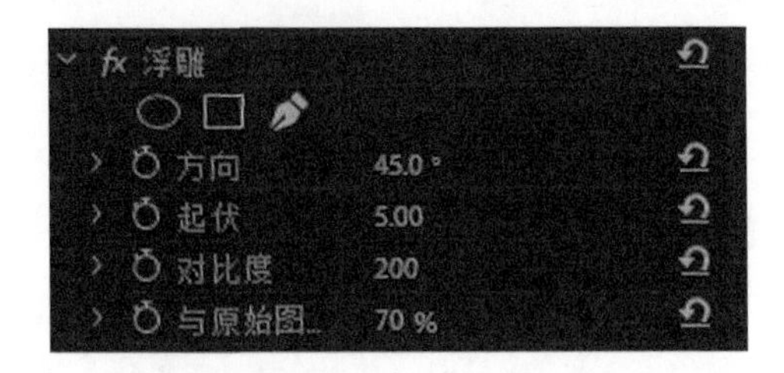

图 5-51　浮雕

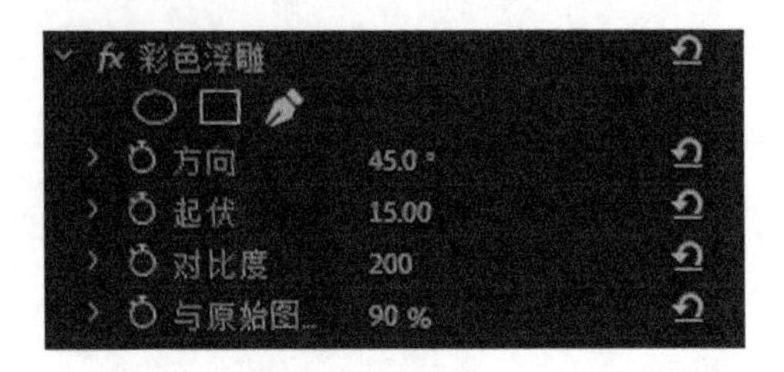

图 5-52　彩色浮雕

现在我们就可以对短视频进行调色了，一般 VHS 风短视频的饱和度会偏低，如图 5-53 所示。

至此，VHS 风格的调色就基本完成了，如图 5-54 所示。

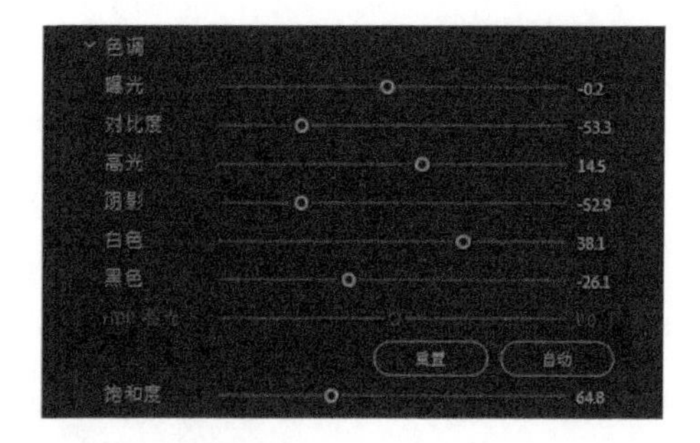

图 5-53　色调

图 5-54
VHS风格的调色效果对比

除了可以通过手动调色实现 VHS 风格之外，还有一些插件可以使用，后面会详细介绍。

电影感——质感清晰

电影感给人一种画面色彩沉稳，光线动态范围大，暖色调和冷色调对比鲜明的感觉。

荷兰风格派抽象大师康定斯基曾说："色彩是能直接对心灵产生影响的手段。"色彩的研究最初运用于绘画领域，古典主义时期已广泛采用色彩的对比与谐调理论进行绘画，印象派则强调色彩的主观表现性。

《星际穿越》是克里斯托弗·诺兰执导的一部原创科幻冒险电影，其中大胆而丰富的配色堪称大师级的操作。

在地球阳光充足的场景中，亮部以暖黄色为主。在阴天或低光照的场景中，亮部以饱和度很低的紫红色或淡黄色为主。通常绿色和蓝色会特别浓郁，如稻田、汽车、天空和衬衫等。画面的阴影部分偏冷色，这与电影中的太空场景形成鲜明对比。

太空场景中，冰冻星球上的亮部以淡黄色为主，暗部以墨绿色为主，也可以说以饱和度很低的青蓝色为主。由于阴云密布，画面饱和度较低。海啸星球上的亮部以暖黄色为主，暗部同样以墨绿色为主，由于光照充足，画面通透，饱和度较高。

另一边，在飞船内，画面的色彩与其他太空场景类似，也是以暖黄色、墨绿色为主，其他太空中的镜头多以不同饱和度的橙色搭配青蓝色、灰色等。

需要注意的是，并不是画面中所有的暗部都是冷色，一般肤色及暖色的区域并不带有冷色。还有一些场景以暖色调为主，这样处理让画面更有生气，不会完全处于压抑的冷调中。

天才韦斯·安德森，一个带有强烈个人风格和文艺色彩的美国电影追梦人，开创了著名的"韦氏美学"。他导演的众多电影，无疑是以暖色系的黄色调为主的。

他导演的电影《月升王国》以精致、缤纷的童话故事为题材，暖黄色奠定了电影温暖的基调，映衬出温暖、明媚、爱与希望的感情色彩。对应的配色如图 5-55 所示。

图 5-55
配色参考

5.3.4 插件——复古和 VHS 效果

除了自己手动调色外，我们还可以使用插件来辅助调色，接下来介绍两款非常好用的复古类插件：FilmConvert Pro 和 Red Gaint Universe。

FilmConvert Pro

FilmConvert Pro 是一款将数字摄像机拍摄的素材的色彩转换成胶片色彩的工具，可作为独立程序，也可以作为第三方插件，它可调整曝光、色温，添加颗粒，设置三色轮，进行二级调色等。支持 3D LUT 预设文件的导出和保存，适用于 RED、DSLR、MOV 等素材，内置多种胶片预设，可进行 8 毫米 ~35 毫米镜头的噪点设置，操作流程简单，支持 4K 输出，如图 5-56 所示。

图 5-56 FilmConvert Pro 的操作界面

Cineon Log 电影仿真。电影制作人喜欢内置的 FilmConvert 电影预设，因为它们看起来很真实。在 Nitrate 更新中，添加了原始胶片库存仿真的 Cineon Log 版本，这意味着用户可以根据自己的喜好调整胶片库存的对比度或饱和度，同时保留真实的胶片原色。

自定义曲线控件。每个 FilmConvert 胶片库都设计了完整的自定义曲线控件，使用户可以精确地创建所需的外观，修改高光和阴影，甚至可以从头开始设计自己的胶片预设。Nitrate 现在使用完整的 Log 图像处理通道，因此可以在调整过程中保留素材的完整动态范围。

先进的胶片颗粒控制功能。可以在高光、中间色调和阴影中单独调整颗粒的外观。

Red Giant Universe

Red Giant Universe 又称红巨星宇宙特效插件，是一个群集特效插件套装，支持 After Effects、Premiere、Final Cut Pro、Motion 等软件，能够帮助用户将视频和音频文件中的杂质去除，让用户的视频更加纯粹，如图 5-57 所示。

图 5-57 Red Giant Universe

使用 VHS、Retrograde Carousel、Glitch、Holomatrix II 等工具可为素材提供真实的复古和现代外观，如图 5-58 所示。

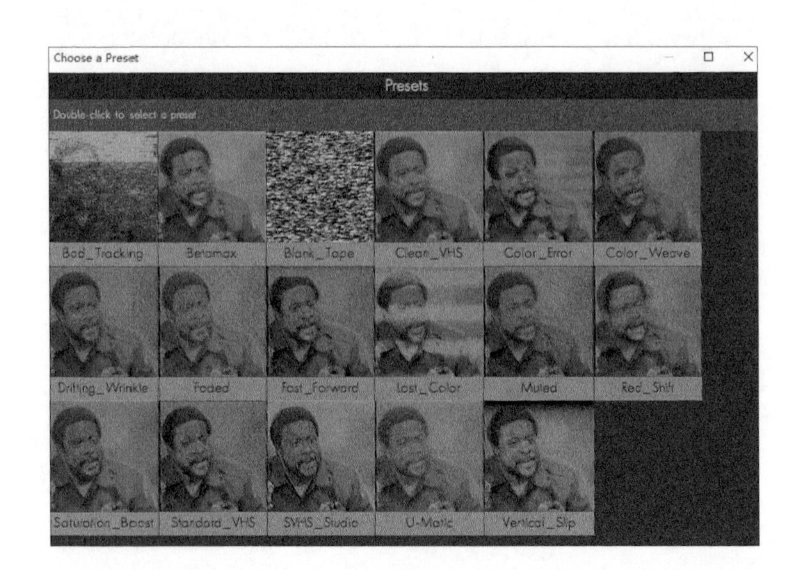

图 5-58 不同效果

使用 HUD 组件、Line、Knoll Light Factory EZ、Fractal Background 等工具可创建漂亮的循环背景和动态图形元素。它可以快速生成动画，使文本更生动，或用用户界面的动态数据填充屏幕。其用户可使用旧式复古效果，或轻松创建现代标题的黑客风格。Red Giant Universe 中的每个工具都包含预设，并提供即时、专业的效果，以帮助初学者入门，如图 5-59 所示。它还是 79 个 GPU 加速插件的集合，适用于编辑和制作动画。

图 5-59 使用插件后的效果

5.4 字幕和遮幅

字幕

字幕是指以文字形式显示电视剧、电影、舞台作品中的对话等非影像内容，也泛指影视作品后期加工的文字、在电影银幕或电视机屏幕下方出现的解说文字，如影片的片名、演职员表、唱词、对白、说明词、人物介绍、地名和年代介绍等。影视作品的对话字幕一般出现在屏幕下方，戏剧作品的字幕则可能显示于舞台两旁或上方。

将节目的语音内容以字幕的方式显示，可以帮助观众理解节目内容。由于很多字词同音，将字幕文字和音频结合起来，观众才能更清楚地了解节目内容。另外，字幕也常用于翻译外语节目，让不理解外语的观众既能听见原作的声音，又能理解节目内容。

此外，将片头、片尾的标题字幕稍加设计，也会有不同的视觉冲击效果，并且能增加记忆点，如图 5-60 至图 5-63 所示。

图 5-60　片头参考 1

图5-61
片头参考 2

图 5-62
演员字幕参考

Director : Kikohwang(六六)
Actor : YiMei
Bgm : Only You-Flying Pickets

图 5-63
片尾字幕参考

遮幅

遮幅又叫假宽银幕，是一种非变形宽银幕系统，使用标准的 35 毫米电影摄像机和光学镜头拍摄。拍摄时会在摄像机片窗前加一个框格，遮去原来标准画面的上下两边，使画面宽高比由 1.33 ：1 变为 1.66 ：1~1.85 ：1，由于画面的上下两边都被遮挡住，因此画面的宽高比明显增大，得到的银幕效果与宽银幕的效果相同，如图 5-64 所示。用此方法制作宽银幕电影经济、简单，所以这种方法也被广泛应用。

但我们在进行短视频创作的时候，通常不会加一个框格，而是通过后期添加遮幅来达到这类效果。

图 5-64　两种宽高比的对比

5.5 音频

在剪辑视频之前，应先选择合适的背景音乐。音乐是完整短视频中的重要组成部分，其要素是旋律、和声、节奏和音色。有时候还要考虑音乐、语言与画面效果的契合度。视频配乐可分为两大类：一类是现实性音乐，也叫客观音乐；另一类是功能性音乐，也叫主观音乐。

现实性音乐包括在短视频的生活场景中出现的各种音乐，例如音乐会上表演的音乐、街头音乐、剧中人物的独唱与对唱等。功能性音乐一般着重表现画面中人物的心理活动。

音乐可以使短视频具有感染力，选择合适的音乐可以提高整个短视频的质量。背景音乐有助于吸引观众的注意，激发感情，决定整个视频的氛围。

注意版权信息。在选择音乐的时候，必须注意著作权信息。如果有预算，可以购买正版音乐。若没有预算，则可以在免费网站上寻找合适的音乐。

考虑整个视频的播放效果。如果视频有配音，则不能选择带有歌词的音乐，否则可能会让观众听不清台词。

选择歌曲的方法。快节奏的音乐适用于快速切换屏幕的视频，根据视频风格选择音乐节奏。尽量选择旋律简单的音乐。

5.5.1 淡入 / 淡出

在视频开始和结束的时候，通常可以设置一个声音递增或者递减的效果，以让视频过渡更自然。

打开 Premiere，导入素材，将素材拖入时间轴面板，在工具栏中添加显示关键帧，如图 5-65 所示。

将默认的剪辑关键帧切换成轨道关键帧，并设置音量。选择工具栏中的“添加移除关键帧”，在视频的开始和需要渐强的地方分别设置关键帧，并拖动调节，从下至上将音量依次增大，如图 5-66 所示。

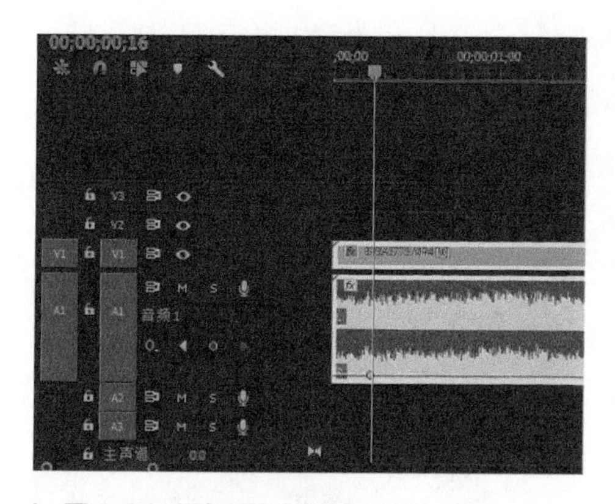

图 5-65 添加显示关键帧

图 5-66 设置关键帧

然后拖动设置，就可以实现声音淡入 / 淡出的效果了，如图 5-67 所示。

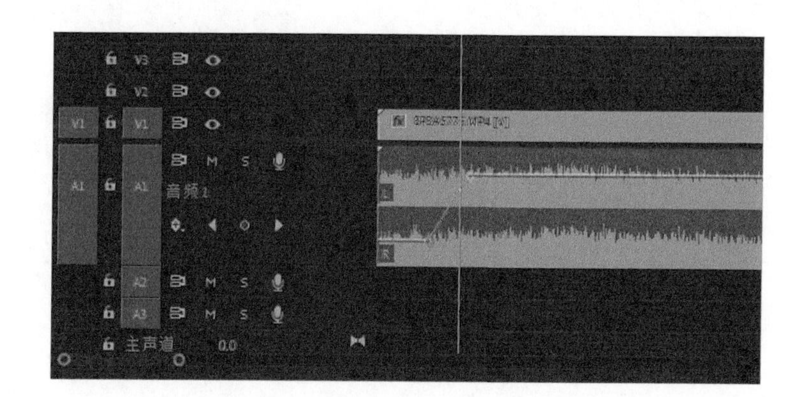

图 5-67 淡入 / 淡出效果

5.5.2 左右声道

声道是指声音在录制或播放时，在不同空间位置采集或回放的相互独立的音频信号，声道数也就是声音录制时的音源数量或回放时相应的扬声器数量。左右声道指双声道，双声道立体声系统消除了单声道系统的“钥匙孔”效应。与单声道系统相比，双声道立体声系统无论是在音质的改善、临场感的加强，还是在重现实际声场中各个声源的空间定位等方面都有很大的改进。因此，立体声技术在被人们认识并接受后，很快就得到了普及与发展。

如果只选择了左声道或者右声道，播放器播放声音的时候就只有一个声道有声音，而另一个声道没有声音，这样输出的时候左右喇叭输出的其实是一个声道的声音，另一个声道的声音没有输出。左声道一般是把相关的低音频区信号压缩后进行播放，人声对白、译音大多在此。右声道一般是把相关的高、中音频区信号压缩后进行播放，以求声音圆润。

有时候，由于一些设备的问题，录制出来的声音是单声道，在用耳机听的时候，会一边有声音一边没有声音，这时可以通过Premiere把单声道修改为双声道。

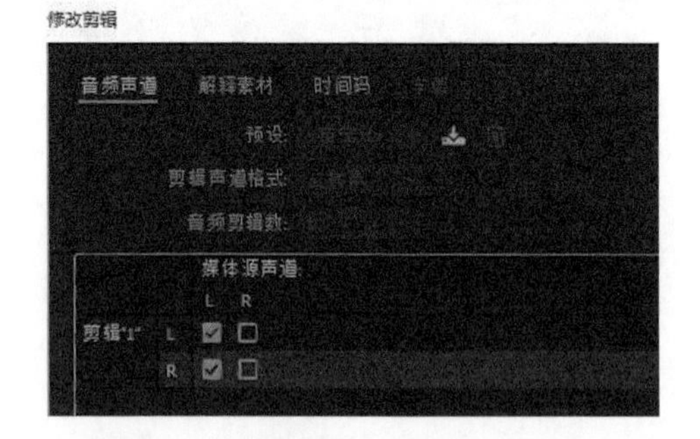

图 5-68 “修改剪辑”对话框

右击素材，选择音频声道，在弹出的“修改剪辑”对话框中勾选图 5-68 所示的复选框。

在Premiere中找到“音轨混合器”面板，就可以看到默认的声道了，如图5-69所示。

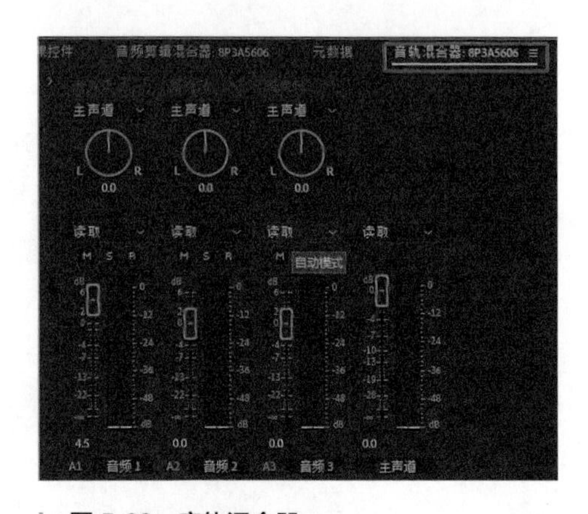

图 5-69 音轨混合器

一般情况下，我们可以将声道值调整为负数，如果声道值为负数，那么它就偏向左声道；如果为正数，那么它就偏向右声道，如图 5-70 所示。

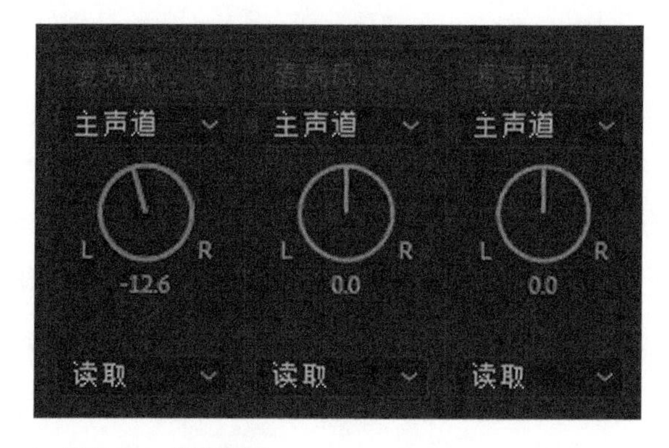

图 5-70　声道示例

5.5.3　音效

环境声。环境声不必和视频画面的剪辑严格对应，一般来说，环境声先入后出。根据波形图和画面的剪切点错开 1 帧 ~2 帧比较好。用眼睛和耳朵去感觉，不要太执着于波形图和剪切点的一致。有的时候要考虑声音可能稍有延迟，对于一些大的场景的现场收音与后期制作要注意这点。

动作音。在所有的视频中人物都会有动作，例如行走、拿取物品等，因此给动作配音也很有必要。尤其在动作片中，出拳的风声、击中物体的闷响、骨折声等都能快速地给人以代入感，渲染了氛围的同时也提高了观赏性。

自然声。自然声如森林里的鸟鸣，海边的海浪声等。

特殊音效。这类音效多用于恐怖片、科幻片等，例如《星际穿越》中掉入黑洞的配音，或是《黑客帝国》中打斗的音效等。

语言、音乐、特效音都是为作品服务的。这些音效的组合贯穿整部作品，它们可以帮助观众感受内容、渲染场景的气氛，吸引观众注意，能够表达作品的主题思想，善用音效是可以为作品锦上添花的。

5.6　其他剪辑技巧

除了基本的剪辑方法外，还有一些其他的剪辑技巧可以使用。

5.6.1 升格

格就相当于帧，24 格代表的是影片每秒播放 24 帧，这就是帧数。升格的意思就是我们在拍摄的时候，增加每秒拍摄的帧数。在过去手摇胶片拍摄的时候，有的摄影师会故意提高转速，这样在以正常速度播放的时候，就可以达到慢放的效果。

在录制升格的过程中，有一些机器是在机内直接实现慢放的，如松下的 GH5、索尼 A7 系列。但有一些是录制 100 帧的画面，如 GoPro，录制的 100 帧画面需要通过后期处理来实现慢放。

在 Premiere 中制作升格效果，最简单的方法就是直接把素材拖到时间轴面板中，通过“剪辑速度 / 持续时间”对话框来实现慢放，如图 5-71 所示。

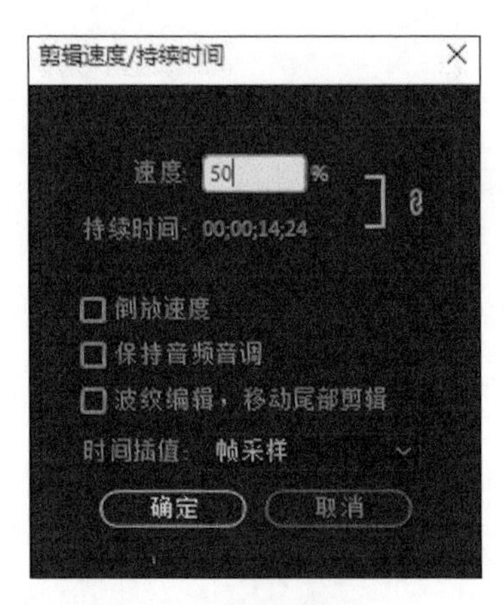

图 5-71　调整剪辑速度

这在大多数情况下没有问题，但假如视频的速度不能整除，例如拍摄的是 180 帧的画面，将它放在 25 帧的时间线上，这时候放慢 50% 或者 25%，就很有可能会遇到跳帧。所以建议在处理这类素材时，在 Premiere 中的菜单栏中选择“剪辑 → 修改 → 解释素材”，然后把素材修改成想要回放的帧速率，例如 25 帧 / 秒，就可以实现素材的慢放了。

若没有能拍摄高帧速率的设备，又想实现画面的慢放该怎么办？这时候可以使用速度控制的方法。需要注意的是，在 Premiere 的“剪辑速度 / 持续时间”对话框的“时间插值”下拉列表中有 3 个选项，分别是“帧采样”“帧混合”“光流法”，如图 5-72 所示。

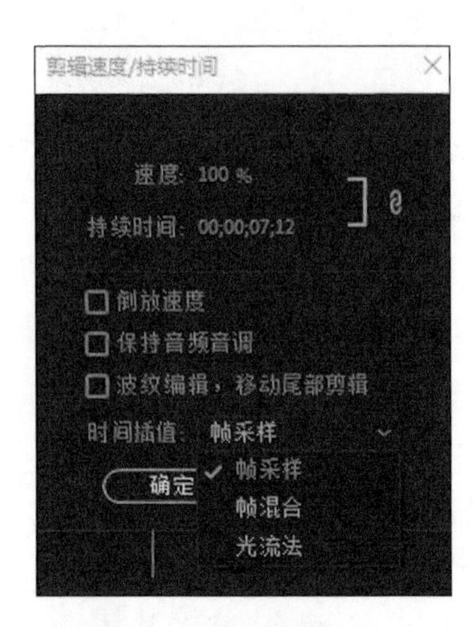

图 5-72　选择时间插值

建议选择“光流法”，因为它能通过预测两帧之间的像素运动轨迹计算出中间帧。这样画面总的帧数增加了，画面就放慢了，同时还是流畅的。需要注意的是，“光流法”最好在颜色对比非常大的画面里使用，并且尽量使用最高的帧速率，这样光流才有足够的帧来进行分析，以实现更好的效果。

5.6.2 抽帧

视频抽帧就是在一段视频中，通过间隔一定帧抽取若干帧，以模拟每隔一段时间拍摄一张照片并拼接起来形成视频的过程（即低速摄像），相比单纯的快进会有不一样的效果。视频抽帧效果经常会和延时摄影、低速摄像混为一谈。

对历史图像进行抽帧存储是可较长时间保留关键帧（I 帧）的存储方式。先全量存储所有录像，当超过保存时间后，系统将逐步删除非关键帧，减少存储容量，有效延长视频信息的保存时间。抽帧之后画面的清晰度不变。

在 Premiere 中可以这样实现抽帧效果。

先打开 Premiere，导入素材，将素材拖动到时间轴面板中。接下来在“视频效果”中找到“色调分离”（就是抽帧效果，新版本中已改名为“色调分离”），将该效果拖动到序列上，如图 5-73 所示。

在左侧的“效果控件”中找到抽帧级别，其最小值为 2，抽帧效果最明显，可根据自己想要的效果进行调节，如图 5-74 所示。

按空格键可预览效果。

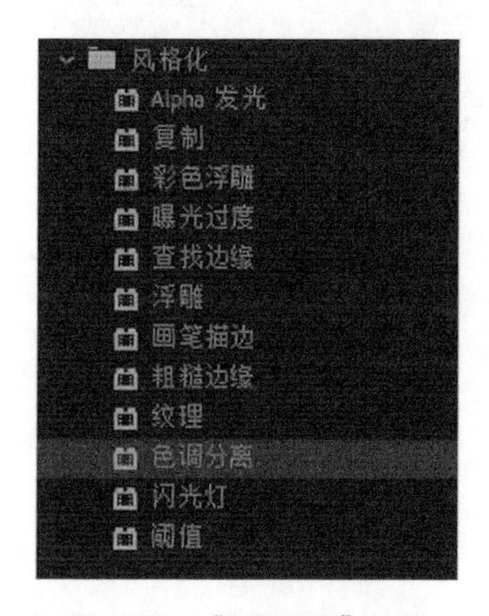

图 5-73 “色调分离”效果

图 5-74 “级别”参数

5.6.3 定帧

定帧即帧定格。我们通常会在王家卫的电影里看到这样一幕，画面突然停在了一幕，然后旁白响起，“十六号，四月十六号，一九六〇年四月十六号下午三点之前的一分钟你和我在一起……”，这种剪辑方式就是帧定格。

打开 Premiere，导入素材，将素材拖到时间轴面板中，选择需要停留的画面并右击，选择“添加帧定格”，如图 5-75 所示。

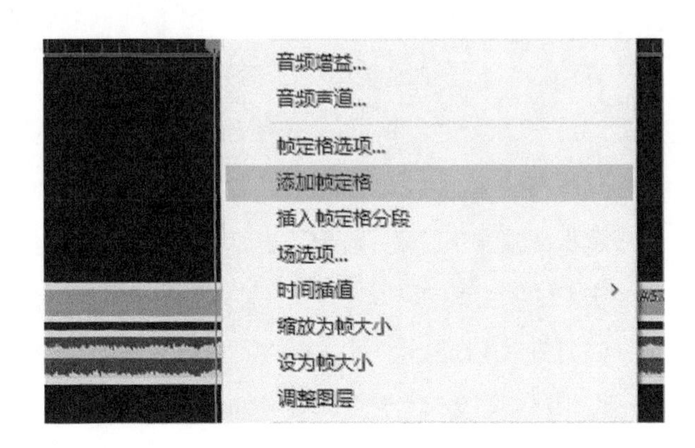

图 5-75
添加帧定格

这样素材就被切割，后面的素材就变成了冻结帧，如图 5-76 所示。

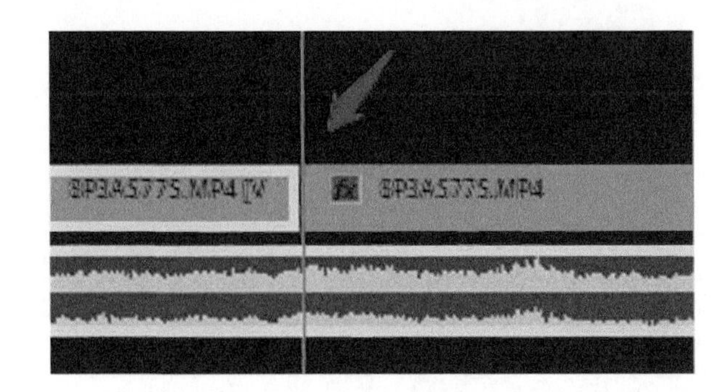

图 5-76
被切割的素材

5.6.4 定格动画

定格动画是指逐格拍摄对象，然后使之连续放映。

1907 年，在美国维太格拉夫公司的纽约制片场，一位技师发明了用摄像机一格一格地拍摄场景的“逐格拍摄法”。这种奇妙的方法很快在一些早期影片中大出风头。如《闹鬼的旅馆》（1907 年，斯图亚特 · 勃拉克顿）中，一把小刀在自动切香肠，仿佛被一只看不见的手操纵着。在 1907 年的《奇妙的自来水笔》中，一支自来水笔在自动书写。

当时的欧洲人还不了解这种动画拍摄技术，他们在惊奇之余称之为“美国活动法”。法国高蒙公司的爱米尔 · 科尔发现了这个秘诀以后拍摄了很多动画片。

中国也曾经在 20 世纪 50 年代到 20 世纪 80 年代，通过定格动画的方法拍摄了《阿凡提的故事》《神笔马良》等木偶片。

定格动画不仅在动画片中应用比较广泛，这种特殊的方法在实拍视频中也可以有很好的应用，会有很独特的效果。定格动画可通过两种方式实现：一种是前期拍摄时逐帧拍摄每个画面，后期剪辑时再将它们拼凑在一起；另一种是将一段视频用“剃刀”进行小段划分，抽取部分间隔帧，减少中间的过渡动作，最终使画面中的动作有跳跃性，从而达到早期动画《神笔马良》中的类似效果。第二种方法避免了前期拍摄的麻烦，但在画面质量上比第一种方法稍差，后期剪辑也比第一种方法更复杂。

5.6.5 跳切

跳切是一种特殊的剪辑手法，在最早的时候，传统电影制作都遵循一定逻辑进行连贯性剪辑，避免跳切的出现。但总有人喜欢打破规则，这个人就是戈达尔，他也是断代电影史的代表。他的理论就是打破一切规则，只考虑情节的内在逻辑或者观众的心理活动，将大幅度跳跃式的镜头组接一起，并称其为“跳切”。跳切通过画面或声音的突然变化，给观众带来感官上的断裂、混乱等，使观众产生不真实、不协调或很跳跃的感觉。它的目的就是刺激观众的感官，同时加强观众对此片段的印象。

跳切也可以称为动作的中间抽取法，省略动作的中间部分。很多电影运用了一系列跳切剪辑手法，只保留了重要部分的动作，去掉了动作中间的运动过程，让整个行动干净利落，同时画面也更有节奏感。

正是这种与众不同的体验，展现了跳切剪辑的魅力。

如果前期拍摄的素材实在有限，可选择的镜头画面很少，也可以采用以下几种方法来避免跳切。

- 在跳切的剪辑点处覆盖素材。
- 在跳切的剪辑点处放大跳切后的画面。
- 使用变速剪辑，把要跳切的画面快放。
- 在画面变化大、画面抖动的时候进行跳切。
- 在跳切点的前后两个视频片段之间增加转场。

我们需要根据短视频想表达的内容来确定是否要选择跳切这一剪辑手法，在剪辑时也要注意镜头组接的流畅性，形成一定的节奏感，更好地让观众感受到我们想传递的意图。

第6章 预算有限的剧组如何实现拍片计划

本章思维导图

预算有限的剧组如何实现拍片计划

1 没有专业器材可以拍吗
- 手机拍摄
- 善用手机的慢动作功能
- 手机拍摄也要调整好曝光
- 案例解析——《用手机拍一场午后的梦》

2 预算有限可以拍吗

3 充分利用环境光进行拍摄

6.1 没有专业器材可以拍吗

拍短视频一定要用专业的器材吗？并非如此。我们知道很多抖音、快手类小视频是用手机拍摄的，那么可以用手机拍一个故事片或文艺类短视频吗？答案是肯定的。

还记得陈可辛的短片作品《三分钟》吗？这是一部全程使用 iPhone X 拍摄的短视频，虽然只有短短的 7 分钟，但它展现出来的视觉效果、光影使用技巧等能媲美电影作品。除此之外，早就有人用手机拍电影了，而且还拿了奥斯卡奖。2012 年，瑞典导演马利克 · 本德杰鲁拍摄了音乐纪录片《寻找小糖人》，拍到一半的时候经费短缺，因此纪录片中有 20 多分钟的片段是用 iPhone 4 拍摄完成的。本片获得了第 85 届奥斯卡最佳纪录片奖。

拍短视频最重要的是内容，在拥有丰富内容的基础上，可以通过升级器材来提升画质，提高观赏性。如果没有更好的器材，手机也能满足大部分的拍摄要求。

6.1.1 手机拍摄

手机的画质虽然没办法跟相机比，但它的像素已经很高了，而且现在能拍摄 4K 画面的手机也越来越多。用手机拍摄时需要注意下面这些问题。

把手机的分辨率调到最佳。一般情况下，我们会使用 1080p 进行视频拍摄，“30fps”代表每秒拍摄 30 帧画面，“60fps”代表每秒拍摄 60 帧画面，数值越高画面越流畅细腻，占用的存储空间越大，如图 6-1 所示。

图 6-1 iPhone12 Pro 的视频参数设置

保证光线充足，光线好，画质就会好。一般手机在光线弱的时候光感效果是很差的，画面亮度不够且噪点很多。在晚上或者其他弱光情况下拍摄时，需要尽量找有光源的地方或者进行补光。

保持手机稳定，保证画面清晰。通常情况下，我们用手机进行移动拍摄时，画面会有明显的抖动，虽然新一代的手机对拍摄防抖功能都做了升级处理，但并不能解决所有问题。简单的防抖可以通过压低下盘，稳定重心来实现，如图 6-2 所示，但这种方法只适用于小幅度的移动，如果移动幅度较大，还是需要使用手机稳定器，如图 6-3 所示。

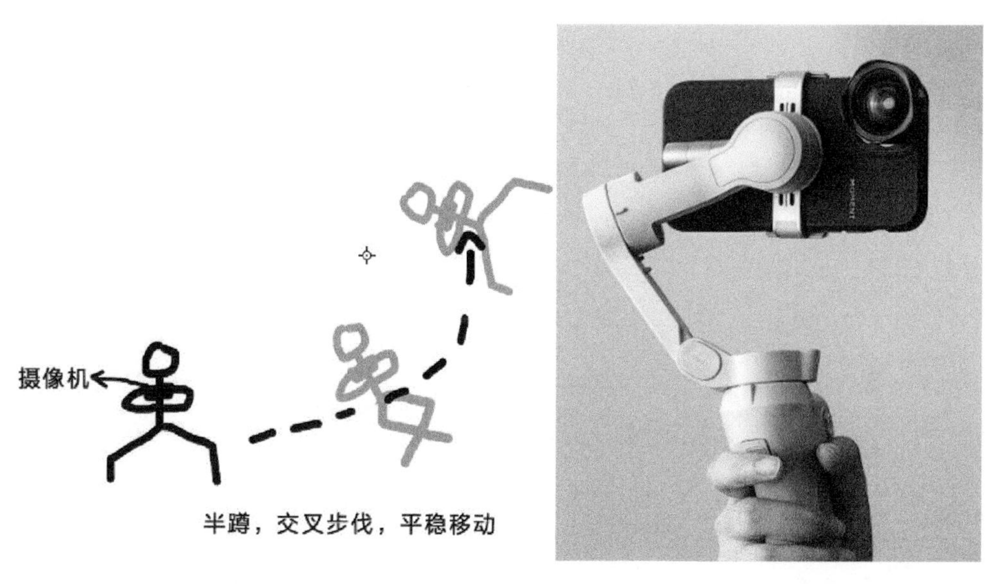

图 6-2 无辅助设备稳定拍摄示意图

图 6-3 手机稳定器

6.1.2 善用手机的慢动作功能

人眼能够接受的最低的视频帧速率是 24 帧 / 秒。如果我们用 240 帧 / 秒拍摄一个动作，再用 24 帧 / 秒来播放的话，视频就放慢了 10 倍，原本一秒就看完的东西现在需要 10 秒才能看完。值得注意的是，iOS 手机录制的最高帧速率是 240 帧 / 秒，部分 Android 手机可以达到 960 帧 / 秒。iPhone12 Pro 的慢动作设置如图 6-4 所示。

图 6-4
iPhone 12 Pro
的慢动作设置

慢动作拍摄适合一些微观或者凸显细节的场景，如人的表情、动作等，让一些容易被忽略的细节生动、出彩。如快速的自然场景，湍急的水流、落下的雨滴、飘落的雪花等，通过慢镜头，可以更好地表现自然。催泪的场景中使用慢动作去烘托煽情的氛围，可以增强代入感，渲染情绪，如人物中枪倒下的片段等。

慢动作拍摄需要注意的事项如下。

- 很多时候，慢镜头都是近距离拍的特写镜头，所以对画面的稳定性要求更高，需要借助摄影器材，例如可以使用三脚架或者稳定器。如果没有这些设备，则必须找一个固定的位置进行拍摄，确保画面清晰。
- 如果拍摄时间较长，请注意携带充电宝，因为拍摄短视频比较耗电。
- 拍摄之前要查看手机的存储空间，以免拍到中途出现存储空间不够的情况。
- 拍摄时请打开“飞行模式”，避免电话、信息等打断拍摄，否则一切都要“从头再来”。
- 使用“锁定对焦”，保证长时间的移动拍摄不会影响画面的对焦效果，保证画面清晰。
- 为了尽量减少画面的抖动，可以使用蓝牙遥控器或者耳机上的功能键控制拍摄。
- 找光线好的地方拍摄慢镜头，光线不足的话，画质会显得很差。

手机拍摄的慢镜头画面如图 6-5 所示。

图 6-5
手机拍摄的慢镜头画面

6.1.3　手机拍摄也要调整好曝光

曝光是指相机的图像传感器接受光的强度。恰当的曝光，意味着一张照片的亮部和暗部都能接收到足够的光量，从而很好地区分细节。反之，过度曝光就会让照片的亮部产生过曝，而暗部又因为光照不足而无法得到很好的区分。

过度曝光或者曝光不足，意味着照片的亮部或者暗部的细节丢失了。例如天空不再包含云彩，变得像被漂白过一样。是什么原因造成了这样的细节丢失呢？在弄懂这个问题之前，必须先了解相机的成像原理。

简单了解相机传感器，会有助于我们更好地理解其成像原理。一块图像传感器上的每一个像素都可以表示三原色：红、绿、蓝。如果单独将每一种颜色看成一个容器，一旦相机完成了对相应颜色容器的“灌装”工作，对应的像素块就被光量充满了。简单而言，每一个容器都能收集它所能包含的最大光量，一旦满了，就不能装更多了。当按下快门的那一刹那，如果所有颜色的容器都装到了最大限度，图像传感器将会得到无法区分的全白色（红、绿、蓝 3 种原色将形成其他颜色，当亮度都达到最大时形成白色），照片上的局部细节将会丢失。同样，当没有足够的光线装入容器时，照片将接近全黑。

有一个定律叫作“黄金一小时”，是指许多摄影师都选择在日出和日落时段拍照。因为在这个时间段里，阳光会变得柔和，亮部和阴影之间的区别将不会太过明显。

以 iPhone 为例，一旦进入相机，iOS 将会自动接管曝光。它将会通过图像传感器分析当前是否处于较亮的环境中（对着天空、一栋白色的房子，或者笔记本电脑的屏幕）。如果处于这样的环境中，iOS 将会自动将曝光值调低。另外，如果处于较暗的区域，iOS 会自动增强曝光。

在构图时，需要对画面中处于主体地位的区域进行对焦。这块区域是照片当中最突出的部分，应确保其能够获得恰当的对焦和曝光。当触击屏幕对焦时，iOS 会使这块区域得到合适的曝光。

如果这块区域较暗的话，iOS 就会增强对它的曝光。但是，这个过程是由程序自动完成的，可能会导致天空变得一片雪白。此时可以通过上下滑动对焦滑块（小太阳图标）来手动控制曝光，如图 6-6 所示。向上滑动将会增强曝光，向下滑动将会减弱曝光。

通过滑动滑块，可以找回失去的细节。但是，如果再次移动手机，iOS 就会默认之前聚焦的对象已经失效，它将重新调整曝光。这时，如果不想 iOS 执行这样的操作，可以长按需要对焦的点，直到顶部出现黄色的标记，这时“自动曝光 / 自动对焦锁定”功能就打开了，如图 6-7 所示。AF 代表自动对焦（Auto-Focus），AE 代表自动曝光（Auto-Exposure）。

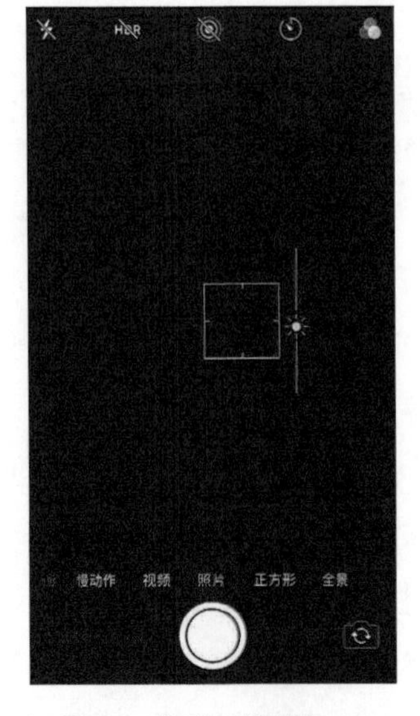

图 6-6　调节对焦滑块

图 6-7　锁定示例

6.1.4 案例解析——《用手机拍一场午后的梦》

下面就以一则实拍《用手机拍一场午后的梦》为例，为大家进行解析。

本例的定位为 Vlog，风格为文艺风，没有台词也没有剧情，以表达美好的片段为主，拼接一条生活碎片类短视频，剪辑思路偏向混剪。

器材：iPhone7。此条短视频没有用到稳定器，靠的是降低重心的方法跟拍。由于没有台词，所以没有其他收音设备。

场景：水库边的草地。

拍摄时间：下午 3 点至 6 点半，注意利用夕阳进行拍摄。

风格：复古文艺、Vlog 类短视频。

内容：惬意的午后，逆光与女孩，虚与实的结合，有种宛如在梦境的感觉。此类内容是比较好拍的，没有设计台词及剧情表演，只需要引导演员做出动作即可。

拍摄前。在拍摄前，要构思好需要的一些画面，如全景、近景、中景、特写、局部细节、逆光、慢动作等，然后利用一些道具拍些特别的画面。由于此次拍摄没有剧情，所以并未制作脚本及分镜表。当然，如果初学者对取景不太熟悉，还是建议提前找好参考图片并保存下来，这样也方便和演员沟通。参考效果如图 6-8 至图 6-11 所示。

图 6-8
全景

图 6-9
细节特写

图 6-10
逆光特写

图 6-11
慢动作镜头

拍摄时。在构建画面时，还可以利用拍摄现场有的物件，如眼镜、相机取景框、花、草等，如图 6-12 和图 6-13 所示。

图 6-12 以草作为前景的特写

图 6-13 通过相机取景框进行拍摄

在运镜时，这条短视频用到了由远到近变焦、移动跟拍、环绕跟拍、摇镜头等拍摄方式。

由远到近变焦这一类拍摄方法在早期的 DV 时代非常流行，让短视频有一种复古的随意感，如图6-14所示。

图6-14
由远到近变焦

环绕跟拍可结合逆光进行，如图 6-15 所示。

图 6-15　环绕跟拍

后期剪辑。首先把素材都导入 Premiere，进行分类挑选，然后根据所选的背景音乐找到音乐节点，也就是镜头转场时需要对上的音乐点。

找到音频轨道，然后找到音乐节点，按快捷键 M 添加标记，得到绿色标记符号，如图 6-16 所示。接下来可以根据标记好的音乐节点，填充选好的视频片段。

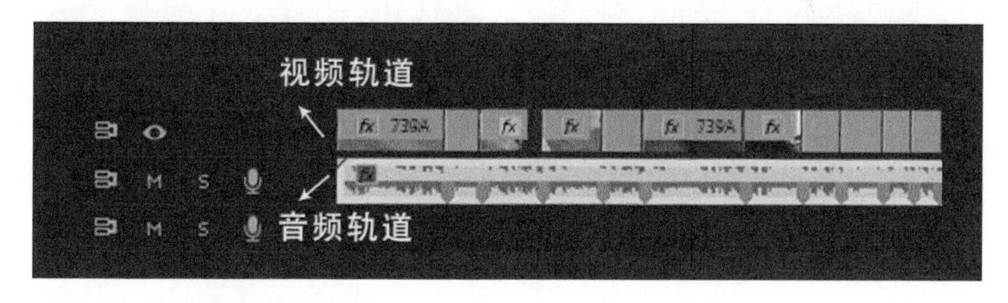

图 6-16　在音频轨道中添加标记

剪辑时，镜头搭配可以是“特写—中景—远景”，如图 6-17 所示，也可以是“近景—远景—近景”，如图 6-18 所示，需要避免频繁地来回切换特写、近景这类焦段相似的镜头，或者远景、全景这类镜头地来回切换。过多焦段相似的镜头叠加后容易使人产生视觉疲劳，还会使整个短视频过渡不流畅。

图 6-17 特写—中景—远景

图 6-18 近景—远景—近景

由于短视频的定位为复古文艺风，所以在剪辑完成后，可以给视频添加 8 毫米胶片边框，画面宽高比为 4∶3，左边有胶片特有的小黑块，如图 6-19 所示。

图 6-19 8 毫米胶片边框的效果

在调色方面会偏向 VHS 风格，这里使用 Red Giant Universe 实现，使画面更有 8 毫米胶片时期的复古感觉，如图 6-20 所示。

图 6-20 短片截图画面

6.2 预算有限可以拍吗

没有那么多预算又想拍视频怎么办呢？说起视频拍摄预算，可以是个无底洞，例如器材的升级、场地的租赁、演员的费用、置装费用等。对于预算有限的我们来说，节省制作费用也是一个重要的问题。

拍摄器材。一开始选用手机即可，市面上的主流机型都可以，记得调整手机的参数，分辨率、帧速率可以调高一点。经过一段时间的拍摄，有经验以后，再考虑使用单反相机。机型的选择需要根据自身情况来定，通常 8000 元左右的相机就可以满足我们的需求了，如果有特别专业的拍摄需求，再考虑高端机型。

音频器材。前期推荐选择有线的专业麦克风，注意线的长度要够，后期再配备更高端的设备。当然，也要看短视频的具体形式，如果是情景剧等，拍摄距离远，就需要有无线麦克风了。拍摄街访类的短视频的话，有线麦克风加防风罩一般就够用了，成本不高。最节约的方式是使用手机的录音功能，收音效果其实很不错，也不会过于死板。

灯光器材。在白天光线充足的情况下可以直接拍摄。若在光线弱的环境下，为了保证较好的拍摄效果，应尽量配备光源。通常可选择柔灯箱，这种光源的优点是价格低，缺点是使用麻烦，需要组装，携带也不方便。有一定预算的话可以考虑 LED 灯，小巧轻便。这里推荐尽量配备 1 个 ~2 个灯，这样拍出来的短视频效果会比较好。

做规划。想要既有效率又节约地拍摄一条短视频，提前做好规划很重要。如何在最省时省力的情况下进行拍摄，某场景的最佳拍摄时间是什么时候，如果要转场，如何设计路线更节省时间，这些都是需要考虑的问题。

下面就以一则王家卫风格的短视频《The Lost City》为例，为大家进行解析，如图 6-21 所示。

图 6-21　视频截图

器材：佳能 5D3，本例在拍摄时用的是单反相机，最高可拍1080p（1920×1080）

25 帧 / 秒的短视频，若需要拍摄 50 帧 / 秒的短视频，则应选择 720p（1280×720），如图 6-22 所示。

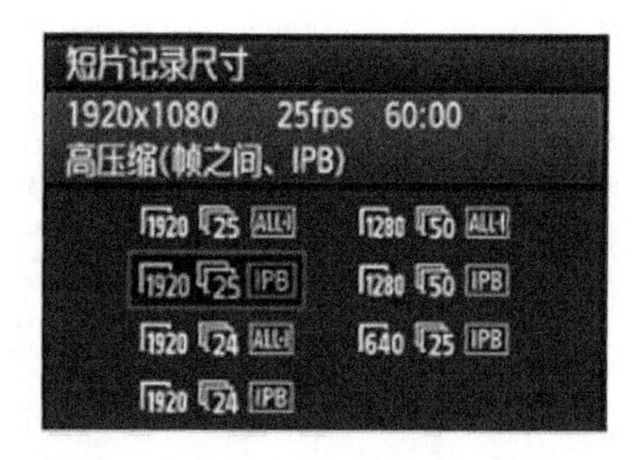

图 6-22
设置界面截图

风格：港风（王家卫风）。

场景：选择带有港风特色的场地，如地铁站、茶餐厅、便利店、霓虹灯前等，这些场地都是免费的，若部分场地不允许拍摄，则可更换备用场地。

拍摄时间：下午至晚上。

拍摄前。这则短视频的画面以女主角个人生活的场景为主，但拍摄时画面传达的内容并不是写实的生活，而是艺术化表现后的生活，人物情绪比较沉静、忧郁、迷失，整体的氛围比较暧昧、迷离，以贴合短视频的主题“The Lost City”。在拍摄前选好背景音乐，脑海中要有一些需要拍摄的画面。

拍摄场地尽量去本地化，因为要拍摄的是港风的短视频。

视频的色调也是一个需要考虑的因素，为了方便后期处理，本例在符合港风设定的基础上，选择了大色块的场景。室内场景颜色以黄绿色为主——有马赛克砖墙的地铁站、暗红色和墨绿色装修的茶餐厅等；夜晚的外景首先选择有大面积光源的地方，然后选择有彩色霓虹灯的地方，如大型彩色 LED 屏幕附近。若没有此类场景，那在拍摄时就适当降低色温，进行色调偏离处理，让整体画面色调偏绿。

拍摄时。由于拍摄风格是复古港风（致敬王家卫风格），所以在拍摄的时候要尽量避免使用规整的构图方式，多用倾斜的构图方法。在拍摄人物情绪特写的时候用广角镜头进行俯拍，营造一个有压迫感的情绪镜头。另外，此次拍摄的外景以夜景为主，所以需要拍摄到霓虹灯光以营造迷离的氛围。

倾斜构图。以一般观众的视觉习惯，画面稍向左倾斜，如图 6-23 至图 6-26 所示。

图 6-23　地铁站倾斜镜头 1

图 6-24　地铁站倾斜镜头 2

图 6-25　天台倾斜镜头

图 6-26　茶餐厅倾斜镜头

广角 + 俯拍特写。有“压迫感”的情绪镜头如图 6-27 所示。

图6-27
“广角 + 俯拍特写”镜头

将霓虹灯作为环境光源烘托氛围，拍出迷离的效果，图 6-28 所示的红色氛围，实则是在银行门口滚动的 LED 屏幕前拍摄的，这样既有了氛围又省了灯光费用，一举两得。

图6-28
用红色霓虹灯光作为背景氛围光

后期剪辑。在后期剪辑方面，选的背景音乐是《Only You-Flying Pickets》，是电影《堕落天使》里的片尾曲。在铺好视频结构后，我们在剪辑方面可以增加一些小心思。例如在内容方面通过添加帧定格来强化情绪，在整体视觉上通过增加遮幅来增强电影感。

帧定格。在前面的章节中讲过怎么在短视频里添加帧定格，在此条短视频里我们通过踩点添加帧定格来强化情绪的表达。在添加完帧定格后，将此帧画面调成黑白色调，再将它放大至 105%，如图 6-29 所示，让画面的视觉强化效果更加明显，如图 6-30 至图 6-32 所示。

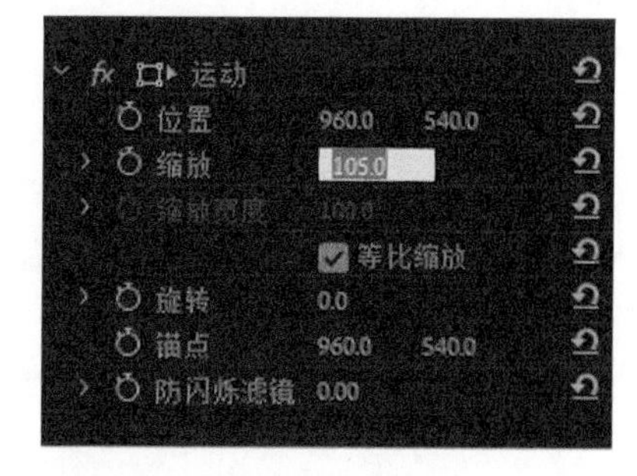

图 6-29　放大至 105%

图 6-30 帧定格画面截图 1

图 6-31 帧定格画面截图 2

图 6-32
帧定格画面截
图 3

在调色方面，由于前期拍摄时已做好了部分色彩搭配，所以在后期调色时只需要进行色调的调整即可。在本例中，地铁站、夜景、天桥、茶餐厅部分的色调改变不大，有较大改变的调色在天台部分，如图 6-33 和图 6-34 所示。

图 6-33
调色前天台部
分截图

图 6-34
调色后天台部
分截图

调色思路。先调整“白平衡”“色温”“色调”，因为我们想要画面整体色调偏绿，所以可以把“色彩”滑块往左移动，然后调节“高光色彩”，如图 6-35、图 6-36 所示，这样整个画面的色调就会比较协调，如图 6-37 所示。

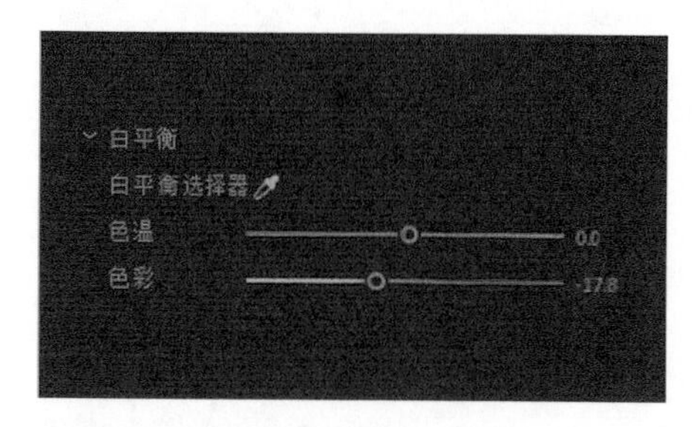

图 6-35 向左移动“色彩”滑块

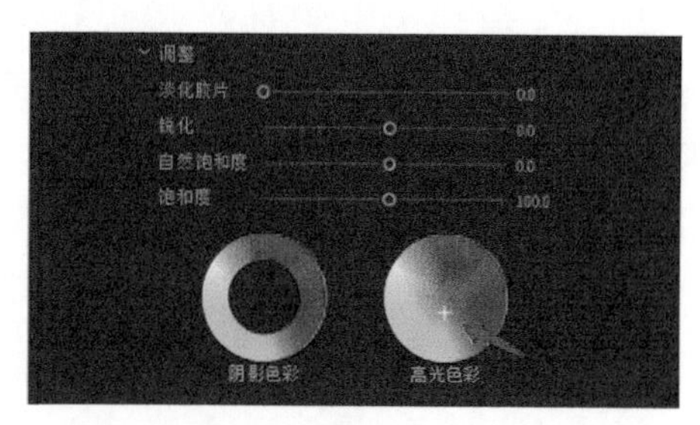

图 6-36 调节“高光色彩”

图 6-37 短视频画面截图

在此条短视频的拍摄中，涉及的费用只有地铁费、茶餐厅餐饮费，其他的场地、灯光等都是免费的，可以说是非常低成本的拍摄了。

6.3 充分利用环境光进行拍摄

灯光是一种重要的造型手段，在影片中起着传达信息、表达情绪、烘托气氛、刻画人物性格和表现心理变化等作用。它影响着影片基调的形成和影片风格的展现，与影片基调形成对立、统一的关系，与其他造型手段共同表现影片的节奏和旋律。

在影视制作中，灯光能够烘托气氛、突出形象、反映人物心理，还能够影响观众情绪。控制灯光是影视制作中的重要一环，影视场景中的灯光与现实世界中的灯光是有所区别的，为了达到预期的效果，通常需要对灯光进行众多设置，如灯光的数量、位置、颜色、亮度、衰减度、阴影及渲染参数等。

打好灯光是非常有学问的一项工作，在外景使用灯光的话，可能还需要用到便携电源，所以在实操过程中有着不小的难度。大部分短视频的拍摄经费都比较有限，时间也都不太富裕，于是利用好环境光进行拍摄是省时省力的选择。

逆光。摄影的本质是光，光是摄影的灵魂。逆光是指被拍摄主体恰好处于光源和相机之间，这极易使被拍摄主体曝光不充分，所以有时需要对人物面部进行补光。

逆光拍摄是摄影用光中的一种手段，广义上的逆光应包括全逆光和侧逆光两种。它们的基本特征如下：从光位看，全逆光是对着相机，从被拍摄物体的背面照射过来的光，也称“背光”；侧逆光是从相机左、右 135° 的后侧面射向被拍摄物体的光，被拍摄物体的受光面占 1/3，背光面占 2/3。从光比看，被拍摄物体和背景全部在暗处或有 2/3 在暗处，因此明与暗的光比大，反差强烈。从光效看，逆光对不透明物体产生轮廓光，对透明或半透明物体产生透射光，对液体或水面产生闪烁光。如果能将逆光拍摄运用得当，对增强摄影创作的艺术效果是很有价值的，对氛围的烘托也是有很好的效果的，如图 6-38 和图 6-39 所示。

图 6-38
逆光效果 1

图 6-39
逆光效果 2

路灯。在拍摄夜景时是最需要光的时候，如果我们没有辅助光源，则需要借助环境光。通常我们可以将黄色路灯作为主光源进行拍摄，后期调整白平衡即可。

图 6-40 所示的拍摄场景是一个楼道口，楼道外的黄色路灯为主光源，楼道里正好有白色的灯可作为辅助光源，形成冷暖对比，这样拍出来的画面颜色非常好看。其他以灯作为光源的拍摄画面如图 6-41 和图 6-42 所示。

图 6-40　楼道口

图 6-41
电车作为逆光光源

图 6-42
路灯作为逆光光源

LED 屏。LED 屏为夜晚拍摄提供了非常好的光线，而且有不同颜色可以选择。大型广告牌的 LED 屏的灯光通常为白色、蓝色，如图 6-45 和图 6-46 所示，银行门口的滚动 LED 屏的灯光多为红色，如图 6-43 和图 6-44 所示，商店门口的 LED 屏的灯光多为黄色，大家在拍摄时可以各取所需。

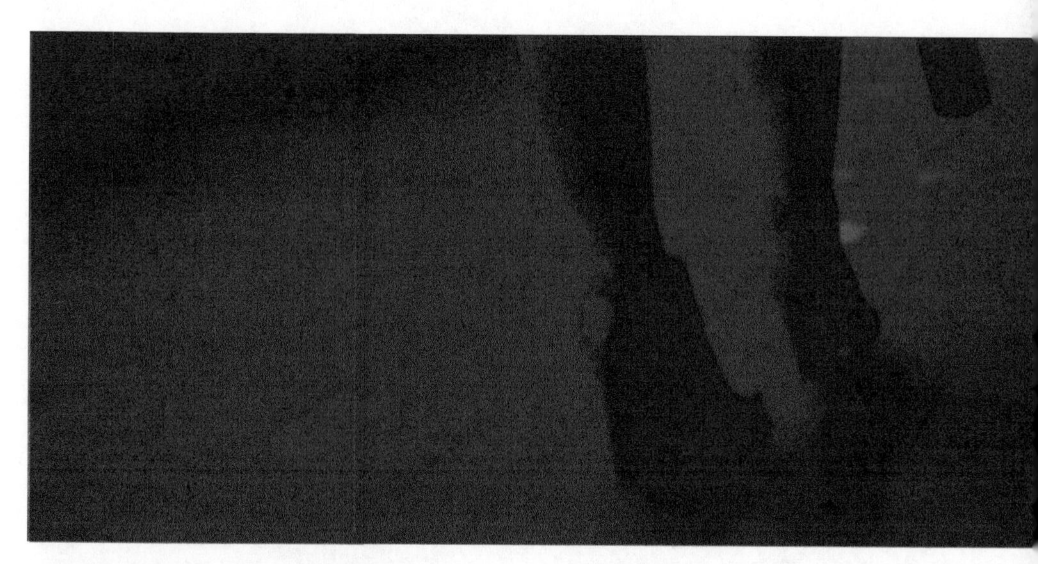

图 6-43 银行门口红色 LED 屏的灯光 1

图 6-44 银行门口红色 LED 屏的灯光 2

图 6-45　大型广告牌蓝色 LED 屏的灯光 1

图6-46　大型广告牌蓝色 LED 屏的灯光 2

Blue Hour。Blue Hour（蓝色时刻）指的是介于白天和夜晚之间的那段时间。Blue Hour 通常在日落后的 30 分钟左右，此时波长为 575 纳米 ~603 纳米的光被吸收，发生瑞利散射，有助于蓝色光线散布在整片天空。Blue Hour 通常非常短暂，所以一定要提前计划好，争分夺秒进行拍摄。拍摄示例如图 6-47 和图 6-48 所示。

图 6-47　海边 Blue Hour

图 6-48　城市景观 Blue Hour

其他光源。除了以上几种光源之外，有时我们还会发现其他特别的光源，如自动贩卖机，拍出来的画面有一点赛博朋克的感觉，如图 6-49 所示。

图 6-49　自动贩卖机

第7章 碎片视频回收利用

本章思维导图

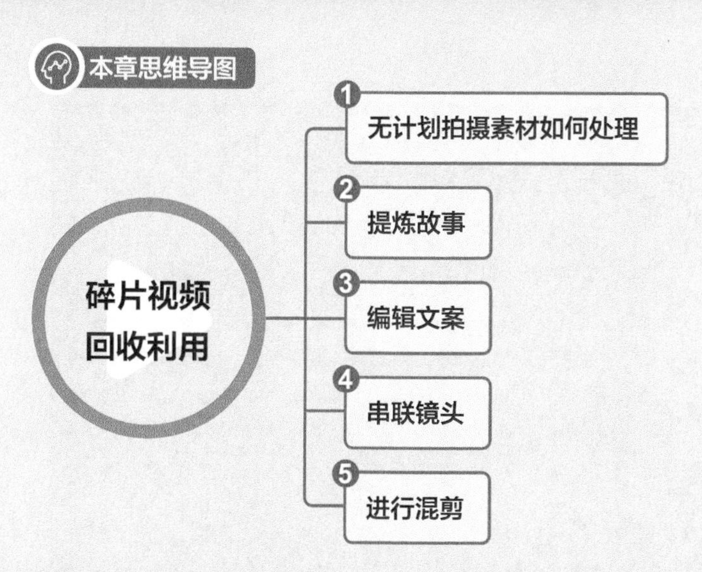

7.1 无计划拍摄的素材如何处理

有时候我们的拍摄会带有一些随机性，或是因为时间匆忙，或是因为天气、场地有变，或是因为不想写脚本，只想跟着感觉走。不管因为什么，最后的结果就是没准备好分镜直接进行拍摄，这样的拍摄充满随机性和不确定性。在完成这样一系列的拍摄后，我们看着这些素材，陷入了沉思——该怎么剪辑呢？

通常这种无计划拍摄的情况会出现在旅拍或是 Vlog 中，故事片、商拍等基本不会出现这种情况。

拿着这些无计划拍摄的素材，我们需要对其进行分类，如空镜、航拍和人物镜头等，然后挑选合适的素材。需要考虑的基础因素有曝光、构图、运镜。

曝光。尽量避免选择过亮或者过暗的素材，无法判断的话可以将素材导入 Premiere，查看其亮度波形。过曝或者欠曝的素材会损失过多细节，这是无法弥补的，这种素材一般可以直接弃用了。

构图。在拍摄之前或拍摄时就需要构思，当然在剪辑时还可以进行二次创作，但也需要考虑画面损失的问题，一般二次构图调整的幅度不宜过大。二次构图其实也是从粗剪到精简的一个调整，如图 7-1 和图 7-2 所示。调整的时候，可以打开 Premiere 里的辅助线，依据三分法则，把人物置于辅助线交叉的地方，以调整画面的视觉重心。

图 7-1
原构图

图 7-2 调整后的构图

运镜。素材呈现的画面要保持稳定，运动的画面要流畅，不要卡顿。虽然在后期可以使用变形稳定器对画面进行稳定处理，但稳定效果是比较有限的，只能处理小幅度的画面抖动，如图 7-3 所示。

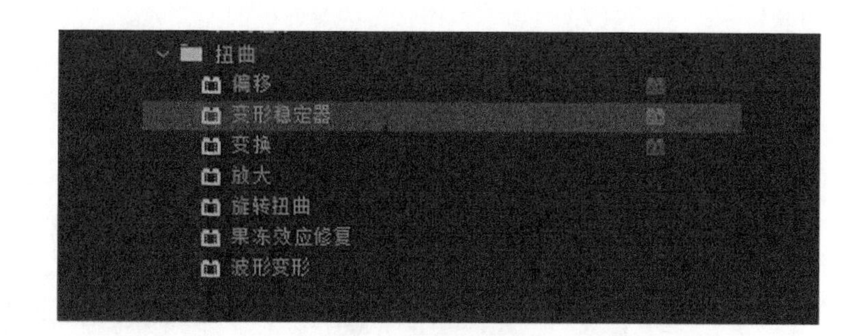

图 7-3
变形稳定器

在选取动作流畅的素材时，不仅需要考虑运镜的流畅，还要考虑出镜人物的动作流畅。例如如果主角在镜头中眨眼过多，或者动作卡顿，就不要选择此素材。

在剩下的素材中，可以把空镜头整理出来。把素材中的空镜头都挑出来放在一起，可以方便在需要转场镜头时，从中挑选使用，如图 7-4 所示。

图 7-4
海边空镜头

空镜头的作用如下。

首先，空镜头可以用来交代环境、地点、时间，我们只需要精炼镜头，不需要对一个场景过多地拍摄。倘若拍摄了在一棵树下仰望天空的中景，接着又继续拍树叶被风吹动的特写，然后拍了一只鸟飞到树枝上，再拍了树的全景，最后将它们堆砌在一起，就变成了泛滥的空镜头，脱离了主体内容，既用不上这些镜头又浪费了时间。

其次，空镜头可作为过渡转场的镜头，用于连接场景，如图 7-5 和图 7-6 所示。空镜头在转场中非常有用，既可以交代时间、地点又可以起到很好的过渡作用，承上启下。它还可以调整前后两个镜头的关系，例如，如果拍了越轴镜头（超过 180° 的两个镜头），中间就可以用一个空镜头来衔接，避免出现跳脱的画面。

图 7-5
植物空镜头

图 7-6
海水空镜头

空镜头还可以传递意境，侯孝贤在《刺客聂隐娘》中就用了非常多的空镜头营造静穆的氛围。空镜头还有象征、隐喻的作用，例如在《王牌特工》最后，有个特工准备击杀反派的动作，下一个镜头就是烟花在天空中绽放的画面，配合背景音乐，可以让人联想到反派的脑袋和烟花一样爆炸开了，如图 7-7 所示。

图 7-7
《王牌特工》
中的烟花镜头

7.2 提炼故事

在整理完素材后，我们可以思考这条短视频应该采用怎样的剪辑方式。常用的剪辑方式有两种：先剪辑再找音乐和先找音乐再进行剪辑。前者适合有台词、有脚本的素材，可以先对故事进行剪辑，再找合适的音乐匹配内容或者人物情绪。后者则适合素材比较散，无明显逻辑的情况。

旅拍或者一些意识流短视频比较适合采用第二种方式，这时就要从多个素材里找到可融合的点。我们需要反复查看素材，从中寻找共同点或提炼关键字。例如我们想对这些素材进行混剪，就应该先查看素材里是否有相似的元素。

寻找细节，衔接内容，只是让我们在剪辑上有了一定的思路，想要找到最佳的剪辑方式还需要进行更深入的思考。

如果是故事型的短片，举一个大家熟悉的例子——《东邪西毒》。初看的时候你可能会觉得这部电影片段零散，全靠电影中张国荣饰演的欧阳锋、梁家辉饰演的黄药师、张曼玉饰演的大嫂等角色的感情故事串联起来。影片中的角色很少互动，基本上都是某个角色在回忆、在叙述、在展望。

在拍摄时，会有许多零碎片段，我们可以在其中寻找一些相似元素，通过它们将这些片段串联起来。例如，短片中出现汽水、绿树、晴朗的天空等清爽明亮的元素时，观众会联想这是一个发生在夏天的故事，或是关于青春的、充满希望的故事。如果我们在前期拍摄时没有准备足够的台词，可以参考这种形式来把故事串联起来，找到这些片段的共同点，后期再创造出一个故事。

7.3 编辑文案

在开始剪辑之前，我们需要确定短视频的风格，是快节奏的混剪，是注重情绪的人物群像混剪，还是轻松自然的 Vlog。

音乐的风格也需要根据画面的风格和元素来定。如果是旅拍的素材，有大量展示风景的大景镜头，如图 7-8 所示，则可以选择气势磅礴的音乐；若拍摄的是江南水乡，多数是小桥流水的镜头，则可以选择细腻温婉的音乐；若拍摄时运用了较多的转场，则可以选择快节奏的音乐；若拍摄的都是小景画面，如图 7-9 所示，则可以选择安静、轻松的音乐；若素材画面中有一些传统元素，则可以选择用传统乐器伴奏的音乐，例如古筝、琵琶等。相关文案的内容也可以根据画面来定。

图 7-8 航拍大景

图 7-9 植物小景

除了以上列举的混剪类型外，还可以尝试制作意识流的短视频。意识流采用自由联想、内心独白等手法再现人物的深层思想活动和自然心理的流动。意识流的表达方式并非常见的直接描述，而是通过比喻、遐想，让人对其表达的东西有更多的思考。意识流剖析人物的心理，能给观众留下极为深刻的印象。意识流电影的时间、空间跳跃多变，大大扩展了影片的容量，深化了主题，打破了传统戏剧化结构的电影模式。

确定了意识流的剪辑方向后，让我们再回到王家卫导演的电影。观赏或理解王家卫电影的关键，其实不是其充满创意的光影镜头与画面构图，也不是很难厘清的故事情节或叙事结构，而应该是电影中人物的心理独白。在他的电影中，主人公的画外音并非电影的一种简单的辅助表现手段。恰恰相反，王家卫在电影中常常以这些心声为向导，推动故事情节的发展，从而使得自己的电影真正与众不同，如图7-10所示。在王家卫的电影中，很多镜头都是典型的王家卫式的“絮絮叨叨”，让主人公不断进行旁白，把生命的感性暴露无遗，也让人看得拍案叫绝。影片《阿飞正传》中旭仔的独白：“我听别人说这世界上有一种鸟是没有脚的，它只能够一直飞呀

图7-10　旁白配音形式

一直飞呀，飞累了就在风里面睡觉，这种鸟一辈子只能够下地一次，那一次就是它死亡的时候。”又如《重庆森林》中警察223的那段著名独白：“每天你都有机会跟别人擦肩而过，你也许对他一无所知，不过也许有一天，他可能成为你的朋友或者是知己……”若没有这些旁白，就难以构成影片独特的风格。

总的来说，要将无计划拍摄的素材汇集成一个故事，在剪辑的时候可以用添加旁白或添加字幕的方式来赋予镜头更多的意义，如图7-11和图7-12所示。

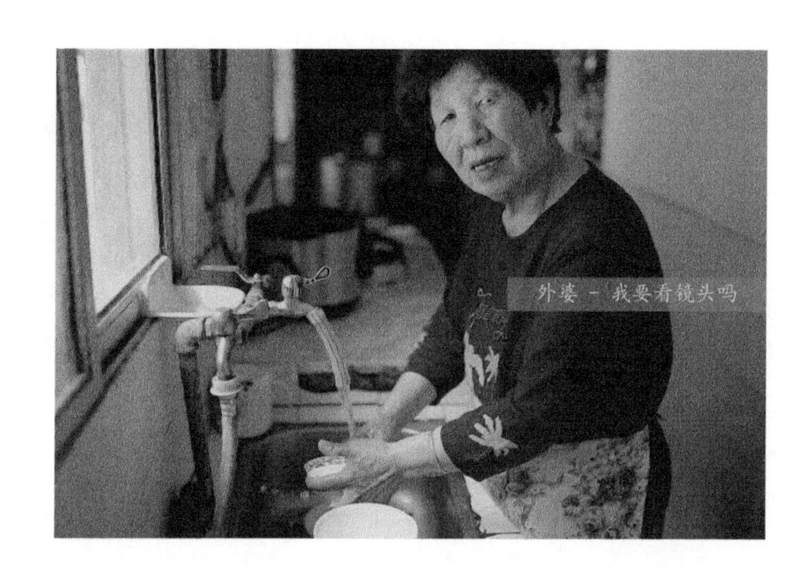

图7-11
字幕形式1

图7-12
字幕形式2

7.4 串联镜头

一个短视频应该在哪些地方进行剪切和连接呢？寻找剪切点无疑是重要的工作之一。在这里需要注意画面的顶点。画面的顶点是指画面是动作、表情的转折点，例如人物手臂完全伸展时，点头打招呼的低头动作结束时，球体上升结束即将下落时，收起笑容的瞬间等。通常画面的顶点可以作为剪切点，将一个素材拆分开来，如图 7-13 所示。

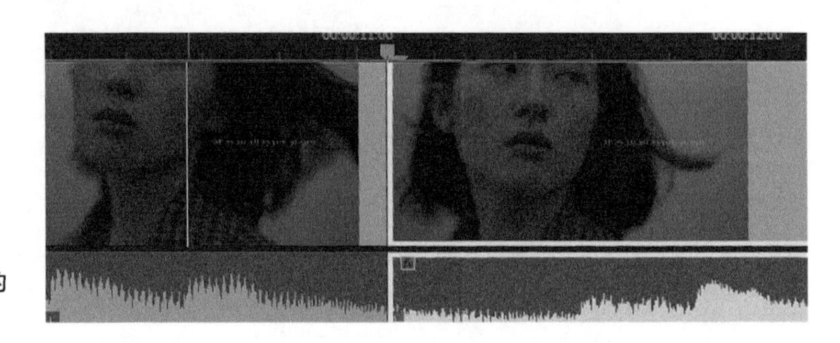

图 7-13 找到画面的顶点

影像是一连串静止画面的连续，因此，越是激烈的运动，在画面的顶点或者在动作开始的前一刻进行剪切，越会产生强烈的效果，给观众留下深刻的印象。

在寻找画面的顶点时，旋律感很重要。下面以打乒乓球的动作为例，看一下寻找剪切点的办法。如果在动作彻底停止后开始拍摄，将打球的动作从一开始拍摄到完全停止，这样观众一看就能知道是打球的动作。但是，这样是无法给观众留下深刻印象的，所以一条短视频的旋律感和舒适感同样不可少。那么究竟应当怎么做呢？

我们可以把剪切点定在打球动作已经开始的位置。若把打球这个动作分解成 1~24 个画面，那么就把最前面的 3~4 个画面剪切掉，这种改变对于了解打球动作没有任何影响。相反，还能表现出动作的旋律感和舒适感。这种编排办法也能够运用到别的影像中去。

原则上要根据表达的内容去选择景别。例如人物反应给特写，场景展示给全景等。在衔接上应尽量避免同景别切换、运动状态不对称的镜头组接方式。例如完全相同的两个全景镜头相接，或者摇晃的运动镜头与纹丝不动的固定镜头相接，这样会给观众造成不适感。因此在衔接时，同景别切换或景别相差较大时往往会加几个过渡的镜头。运动镜头则会延续到运动停止，再切到固定镜头。要针对镜头组接的规则来挑选合适的镜头。

不同的镜头组接顺序有时会产生截然不同的效果。

把 A、B、C 3 个镜头以不同的顺序连接起来，就会表现不同的内容与意义。

A：一个人在微笑。B：接过了一张病历。C：同一个人脸上露出沮丧的表情。

这 3 个特写镜头，能给观众什么样的印象呢？

如果用 A—B—C 的次序连接，会使观众感到那个人可能病了。然而，镜头不变，我们只要把上述的镜头的顺序改变一下，就会得出相反的结论。

C：一个人脸上露出沮丧的表情。B：接过了一张病历。A：同一个人在微笑。

用 C—B—A 的次序连接，则可以理解为这个人的脸上露出沮丧的表情，是因为他看到了病历，但病历结果是好的，所以他如释重负地笑了。

这样改变一个场景中镜头的顺序，而不用改变每个镜头本身，就完全改变了一个段落的意义，得出与之截然相反的剧情，得到完全不同的效果。因此要先确认段落中要表达的正确信息，再决定镜头的组接方式，避免传达错误或者夹杂过多的干扰信息，影响观众对视频的观看，如图 7-14 所示。

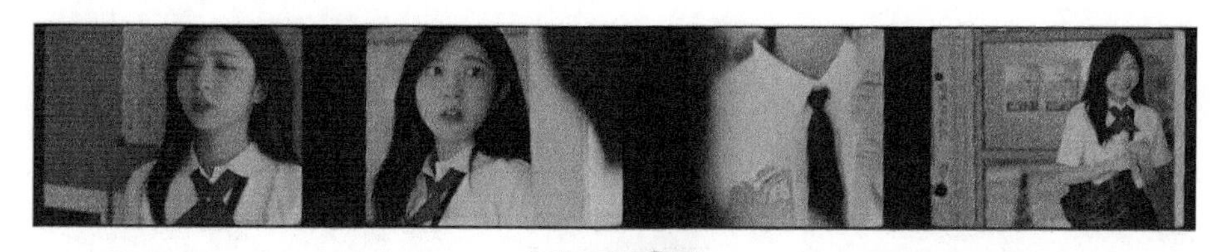

由失望到开心

由开心到失望

图 7-14 不同镜头组接顺序可以得到不同的效果

动作场景的剪辑在整个视频剪辑中占比很大，那么怎么才能剪辑好呢？需要注意以下几点。

- 为了把整个段落的情节清楚地表达出来，要注意交叉剪辑，不能失去连续性。
- 善用变速剪辑，按照预先的设定来控制戏剧性的张弛变化，加快过程动作，放慢突出关键动作。
- 可插入一些静态的观众反应镜头，这一手法在剪辑节目的时候经常会用到。
- 通过频繁地交叉剪辑和改变同一动作的视角使视觉多样化，并且必须使画面很连贯。

镜头之间的逻辑关系也是影响剪辑流畅度的重要因素。关系混乱或者过于复杂都会导致观众看不懂。即使是再精彩的内容，一旦看不懂，观众也会丧失耐心。剪辑的逻辑关系，是指镜头之间存在的真实可信的关联，它是以我们日常的生活逻辑为依据的，是长期形成的一种直觉。剪辑中的逻辑关系通常表现在以下两个方面。

- 镜头的排列顺序是否符合事物发展的顺序或者人们思考的逻辑。
- 镜头之间的构图规律、色彩、影调等是否匹配。

首先，镜头的结构要合乎日常的生活逻辑。最常见的方法是以时间的顺序为线索来进行剪辑。除了时间顺序之外，我们在剪辑中经常通过景别的规律变化来模拟人们对事物的另外一种观察途径，从整体到局部，或者从局部到整体。当然，在现在的影视作品中“全景—特写”或“特写—全景”这种标准的前进式或后退式剪辑已经很少见了，但是这种思维方式还在被广泛使用。它常和时间顺序剪辑方法结合使用，使镜头的剪辑既符合事件的发展顺序，又符合人们观察事物时循序渐进的特点。

其次，要做到镜头剪接的自然流畅，还得遵循剪接中的一些匹配原则。所谓匹配原则，指的是镜头之间构图、色彩、影调、运动、声音等诸多构成元素有机的、和谐的变化。它既要符合日常的生活逻辑也要考虑影视屏幕化的表现特征。由于画框的存在，人们从屏幕中观察到的事物及物体的运动方式与人们在日常生活中所观察到的有许多不同之处，如运动的方向、快慢，主体的相对位置、视线等。

匹配剪辑在影视混剪、旅拍、商业视频中都会用到。常见的就是画面匹配，利用前后两个镜头中的相似元素来连接两个不相干的画面。通过匹配剪辑，可以实现视觉上的连贯，建立内在的联系，这也是蒙太奇的一种手段。这些元素可以是形状、构图、颜色、纹理、线条等。画面匹配剪辑得越一致，过渡越自然。电影混剪中也经常会用到画面匹配，把有相似元素的镜头组接在一起，如开枪、打架、拥抱、跑步等。一些旅拍视频里也会经常用到形状匹配、构图匹配、颜色匹配、动势匹配等。

形状匹配如图 7-15 与图 7-16 所示。

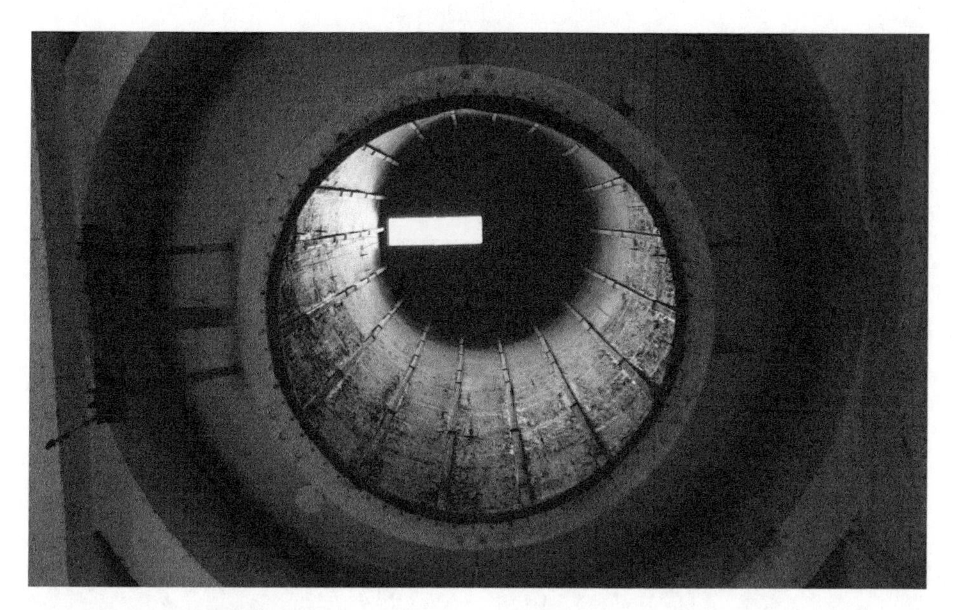

图 7-15　形似眼睛的空镜头

图 7-16　眼睛突出的人物镜头

相似的行走动作匹配如图 7-17 和图 7-18 所示。

图 7-17　行走动作 1

图 7-18　行走动作 2

相似的形状匹配如飞机和鱼，如图 7-19 和图 7-20 所示。

图 7-19　飞机

图 7-20　鱼

相似的色彩匹配如图 7-21 与图 7-22 所示。

图 7-21　繁花

图7-22
金鱼

匹配剪辑不仅可以保持画面的流畅，还可以实现时间、空间的匹配。例如电影里常用的一种方式，主角向上丢一个物件，镜头跟着物件往上摇，等到物件再下落回到主角手上的时候，已经换了个时间和空间，实现了转场。如果画面匹配使用得好，还可以传达一些更深层的含义。

7.5 进行混剪

开始混剪后，我们该如何卡点，把握好视频节奏？节奏好的视频即使把音乐关了，其画面的节奏依然能被感受出来。好的视频应该是有起伏、有张弛感，一气呵成的。

我们所说的节奏一般分为内部节奏和外部节奏。

内部节奏指人物动作、运镜方式、音乐、色彩自带的节奏。外部节奏指剪辑形成的视觉、听觉、叙事、色彩等。影响节奏的因素有很多个，只抓住一个的话就会显得很单调了。拿到素材后要分析素材的关键词，如车、传统、快节奏，根据关键词去找音乐。

怎么让画面更好地匹配音乐呢？我们在剪辑的时候需要注意，要多通过内部节奏去匹配外部节奏，拿到音乐后需要先去熟悉和感受它，注意音乐的鼓点、旋律、人声、音效等。很多人的剪辑习惯是把节奏都卡在鼓点上，这样会显得很单一且容易让人感到疲劳。在视频剪辑中，变速处理是一个常用的技巧，运镜的速度、人物动作的速度、表情的速度都可以作为卡点的节奏进行匹配。

那怎么才能做到音乐的无缝衔接呢？

通常挑选的音乐可能都不是我们想要的时长，一般一首歌可能有 4~5 分钟，而我们的短视频可能只有 2 分钟，那多出来的时间该如何匹配？音乐结构和视频结构一样，有开始、小高潮、副歌、大高潮、结尾等，如图 7-23 所示。

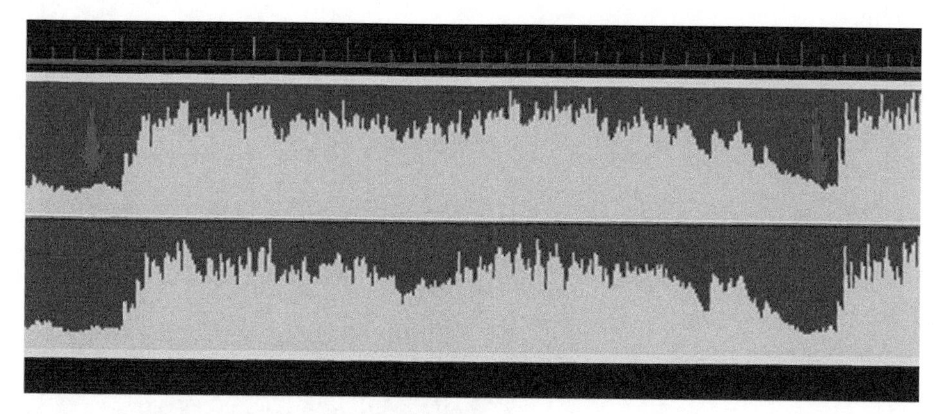

图 7-23 音波较低代表音乐开始或高潮前的铺垫

学习看懂音波。通常峰值较低的音波代表音乐开始或者高潮前的铺垫，依此类推，我们可以把音乐分为开始、高潮、结尾 3 个部分。很多音乐在副歌部分常会有重复，为了精简视频内容，我们可以将音乐重复的部分剪掉，以此来控制音乐的时长。

要做两首音乐的拼接，我们需要了解起始音、结束音和延展音。

起始音。整体音调节奏有往上走的感觉，如图 7-24 所示。

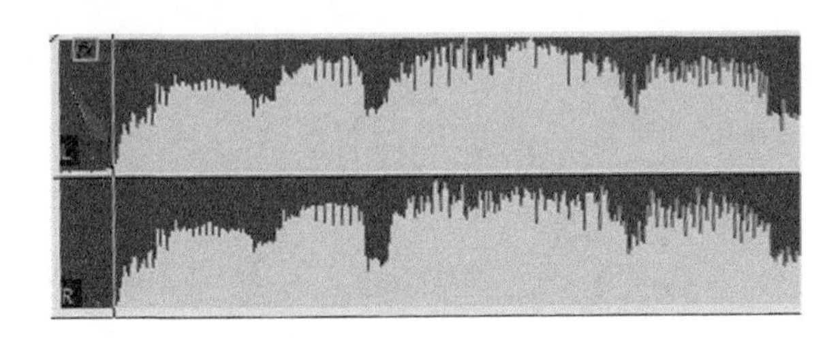

图 7-24
起始音

结束音。音调节奏有往下走的感觉，如图 7-25 所示。

图 7-25
结束音

延展音。对原本的音调节奏进行延伸，如图 7-26 所示。

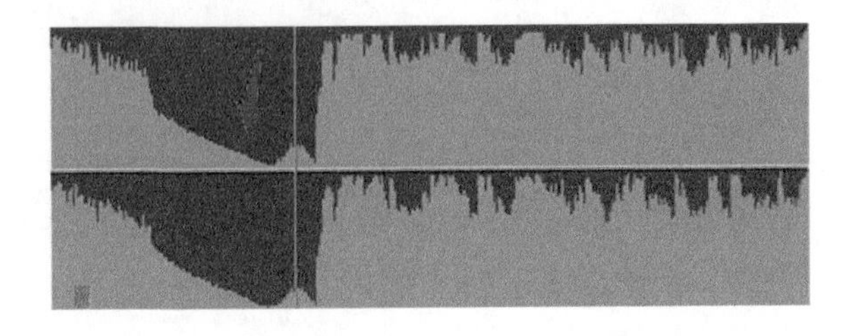

图 7-26
延展音

最简单的方法：将上一首歌的结束音或延展音与下一首歌的起始音拼接。

如果是有台词的音乐的拼接呢？可以在两段音乐间加一段独白或者音效来过渡，给视频缓冲时间，例如风声、飞机声等环境声。

如果实在不好剪辑拼接，还可以试试用 Adobe Audition 来进行剪辑，如图 7-27 所示。

图 7-27　Adobe Audition

Adobe Audition 是一款音频处理软件，可以实现一键剪辑，把音频素材拖入轨道，右击选择“重新混合”选项，然后选择“重新混合”所需要的时间即可。这样处理后的音乐有头、有尾、有高潮，无缝衔接。需要注意的是，此方法不适用于复杂的音乐及有歌词的音乐。

正是因为我们会思考、会联想，创造影片时才有了更多的可能，我们才能从电影里思考出更多的意义。

最后奉上剪辑的基本口诀供大家参考，但切忌死记硬背，需根据实际情况灵活运用。

由远全，推近特，前进雄壮有力量。
从特近，拉全远，后退渲染意彷徨。
同机位，同主体，不同景别莫组接。
遵轴线，莫撞车，跳轴慎用要切记。
动接动，静接静，动静相接起落清。
远景长，近景短，时长刚好看分明。
亮度大，亮度小，所需长短记心间。
宁静慢，激荡快，变化速率节奏清。
镜头组接有规律，直接切换普遍简洁更顺畅。
相连镜头同主体，连接组接突出主体引注意。

相连镜头异主体，队列组接联想对比有含义。

瞬间闪亮黑白色，黑白组接特殊渲染增悬念。

全特跳切表突变，两极镜头变化猛冲击强。

人物回想内心变化用闪回，闪回镜头组接手法最常见。

同镜头数处用强调象征性，同镜头分析还首尾相呼应。

素材不足相似镜头可组接，拼接弥补所需节奏和长度。

同镜头中间插入不同主体，插入镜头组接表现主观和联想。

借助动势衔接连贯相似性，动作组接镜头转换手段最常用。

上下镜头都是特写始和末，特写镜头组接巧妙转换景和物。

景为主、时间变；物为主、镜头转，景物镜头组接借助景物巧过渡。

画内外音互相交替来转场，声音转场电话歌唱旁白最合适。

多情节同展现压缩省时间，多屏画面转场上戏过去下戏现。

明暗色彩对比千万莫过强，整体明暗影调和谐统一方为上。

剪辑组接变化多端无定式，循规蹈矩死板僵化万万不可取。

视题材风格不同自由发挥，灵活机动之余基本大忌要牢记。